黑科技①

基因魔剪

改造生命的新技术

日本NHK"基因组编辑"采访组◎著　谢严莉◎译

ZHEJIANG UNIVERSITY PRESS
浙江大学出版社

图书在版编目（CIP）数据

基因魔剪:改造生命的新技术 / 日本NHK"基因组编辑"采访组著;谢严莉译. —杭州:浙江大学出版社,2017.10
　　ISBN 978-7-308-17419-0

　　Ⅰ.①基… Ⅱ.①日… ②谢… Ⅲ.①基因组－研究
Ⅳ.①Q343.2

中国版本图书馆 CIP 数据核字（2017）第 227865 号

Genome Henshuu No Shougeki
Copyright @ 2016 NHK[GENOME HENSHUU]SHUZAIHAN
First published in Japan in 2016 by NHK Publishing, Inc.
Simplified Chinese translation rights arranged with NHK Publishing, Inc.
through CREEK & RIVER CO.,LTD. and CREEK & RIVER SHANGHAI CO.,Ltd.

浙江省版权局著作权合同登记图字:11-2017-252 号

基因魔剪:改造生命的新技术

日本 NHK"基因组编辑"采访组　著
谢严莉　译

责任编辑	杨　茜
责任校对	杨利军　汪　潇　於国娟
封面设计	卓义云天
出版发行	浙江大学出版社
	（杭州市天目山路 148 号　邮政编码 310007）
	（网址:http://www.zjupress.com）
排　　版	杭州中大图文设计有限公司
印　　刷	浙江钱江彩色印务有限公司
开　　本	880mm×1230mm　1/32
印　　张	6
字　　数	128 千
版 印 次	2017 年 10 月第 1 版　2017 年 10 月第 1 次印刷
书　　号	ISBN 978-7-308-17419-0
定　　价	49.00 元

版权所有　翻印必究　印装差错　负责调换

浙江大学出版社发行中心联系方式:0571－88925591;http://zjdxcbs.tmall.com

基因组编辑与 iPS 细胞——为了人类的未来

京都大学 iPS 细胞研究所所长

2012 年诺贝尔生理学或医学奖获得者

山中伸弥

迄今为止，人类一直在对各种农作物、家畜及鱼类的品种进行改良，而其中的绝大多数，都是以偶然发生的基因变化为契机，通过长年累月的重复交配，一点一滴积累而成的。

本书所介绍的基因组编辑（genome editing），说白了就是一种能够"瞄准"某个目标基因，单独对其进行精准操作（修改）的技术。通过这种技术，能够相对轻松地实现"改变特定基因的工作方式"这一目的。换句话说，借助这种技术，我们就有可能改变某种生物的特定基因，将其转变为另一种形式，对人类的未来而言更有利用价值。这也意味着与以往相比，我们完成品种改良所需的时间将大幅度缩短。要知道，就在几年前，这项技术还被当作天方夜谭。身为一名普通的研究人员，时至今日我仍时常为此感到震惊。

早在30年前，研究者们就已经开发出了"在确保特定基因不受影响的前提下进行操作"的技术。我在20世纪90年代亦曾远渡重洋，到美国学习这种基因操作技术。若要采用这项技术，仅仅是针对单一基因进行操作，就需要耗费超过一年的时间，并且这项技术无法同时编辑多个基因，动物实验对象到目前为止也只有老鼠。

然而到了2010年，基因操作领域突然兴起了大幅度的技术革新，名为"基因组编辑"的技术正是诞生于此时，它能够应用于任何生物品种——无论是小白鼠、植物还是鱼类，甚至人类都可以使用，而且成功率非常高。利用基因组编辑技术，研究人员能够以十分之几的成功率改变目标基因，并且更为重要的是，任何具备了基因工程基础知识的科研人员，都能比较轻松地完成此类操作。

- 技术本身简单易行

- 成功率高

- 能够适用于各种生物

在此之前，几乎从未有过任何生命科学技术能同时具备上述三大优点。我从事基础研究至今已有25年时间，而这项技术，应该可以称得上是这些年里诞生的最具革命性的生命科学技术了。

如今在日本，科学家正利用基因组编辑技术进行各种研究。比如，我们希望能培育出移植了人类的各种细胞但极少会产生免疫排斥反应的猴子。而实现此类成果的唯一方法，就是在受精卵阶段对猴子的基因进行修改，也就是进行基因组编辑操作。

虽然在此之前，也有具备相同性质的实验动物——诸如小白鼠之类的——存在，并被频繁应用于人类细胞移植等医学研究中。但就算同样是动物，与小白鼠相比，猴子这种与人类更加近似的大型哺乳动物的价值自然是大不相同的。能够利用基因组编辑技术进行人类细胞的移植，这在医学研究领域属于划时代的突破。

基因组编辑技术确实促进了医学研究的发展。但与此同时，我们也必须强调以谨慎态度对待它的必要性。

本书介绍了一项针对真鲷（red seabream）的研究，通过抑制肌抑素（myostatin）这一基因的功能，可以增加真鲷的肌肉含量。其实，我们人类同样具备该肌抑素基因，所以在理论上，借助几乎完全相同的技术，通过抑制肌抑素的功能，我们完全有可能制造出肌肉发达的人类。因此，如果这一新兴技术被滥用，将有可能造成极为严重的后果。

自 2015 年年初开始，陆续有消息称中国的研究人员已经开始了针对人类受精卵的基因组编辑实验。关于此类研究，从伦理角度需要克服的障碍非常多，因此大家都只将其当作谣言。然而没过多久，就有中国的学术期刊发表了针对人类受精卵进行基因组编辑的论文。

该论文介绍了一项对异常受精卵（即 3 原核受精卵）进行基因组编辑的研究。所谓异常受精卵，是一种通过体外受精的方法制造产生的、无法正常发育的受精卵。这项研究考察了基因组编辑的效率以及发生不符合预期的变化的概率，属于基础性研究，但却是有史以来首次公开使用人类受精卵进行基因组编辑的研究。

对于将基因组编辑应用于人类受精卵，大多数研究者都已达成共识，认可"不能用于临床"以及"接受过基因组编辑的人类受精卵不能用于孵育新生命"这两大原则。然而，对于上述中国论文那样的基础性研究，大家的态度仍存在两级分化。

不乏有研究者认为，使用人类受精卵是为了考察基因组编辑技术的效率和安全性，进行此类基础研究是没有伦理问题的；但与此同时也有观点指出，在包括普通民众以及有可能受惠于基因组编辑的患者在内的全体社会成员——而非仅限于研究者——进行成熟的讨论之前，以人类为对象的所有应用——包括基础研究，都应该停止。

事实上，在医疗第一线，针对体细胞的基因组编辑技术已经进入了临床应用阶段。以针对 HIV(human immunodeficiency virus, 人类免疫缺陷病毒)感染者的治疗为例，取出患者自身的血细胞，对其进行基因组编辑，然后重新输回体内。这一行为的目的仅限于对患者自身进行治疗，并不会传递给子孙后代，因此与对受精卵进行基因组编辑是完全不同的概念。在医疗领域，诸如此类针对体细胞的基因组编辑应用正处于高速发展期。

在癌症治疗领域，基因组编辑同样能够发挥重要作用。人类拥有超过两万种基因，利用基因组编辑技术，研究者能逐一考察每一个基因的功能，从而了解其中哪些基因与癌症病变密切相关。迄今为止，我们一直使用相同的药物来治疗各种不同的癌症。而今后，我们希望能够根据不同的癌症所涉及基因的不同，为每位患者分别开发出对症的药物。

在我们 iPS 细胞研究所，同样有不少研究者已经开始将基因组编辑技术引入研究工作之中。以下将简单介绍为了治疗肌营养不良症（又称为肌肉萎缩症，muscular dystrophy）而进行的研究，这一疾病由基因异常所引起，症状是全身肌肉逐渐丧失力量。

　　首先，研究人员利用患者的体细胞制造出 iPS 细胞（诱导多能干细胞，induced pluripotent stem cells），该 iPS 细胞同样存在基因异常。然后，我们利用基因组编辑，成功地在 iPS 细胞阶段对该异常基因进行修复。iPS 细胞具有近乎无限的增殖能力，因此可对已完成基因异常修复的 iPS 细胞进行大量复制。而后，以这些 iPS 细胞为基础制造肌肉细胞的步骤也获得了成功。接下来的研究目标，则是如何将这些已经修复了基因异常的肌肉细胞移植回患者体内。为了实现这种结合了基因组编辑与 iPS 细胞的细胞移植疗法，研究者们正在全力以赴地工作。该事例在本书中将有详细介绍。

　　除了肌肉之外，在血液疾病的治疗领域中同样有可能用到基因组编辑技术。有大量患者因为某个基因的异常而无法生成血细胞。制造出源自这些患者的 iPS 细胞，然后利用基因组编辑对其中的异常基因进行修复，最后将 iPS 细胞大量转化为血细胞并输回给患者。诸如此类的研究也正在如火如荼地进行。

　　基因组编辑是一种不逊于 iPS 细胞的技术，是一种拥有广阔前景的技术。

　　然而，无论什么科学技术，都有利弊两面，或许这就是所谓的"双刃剑"。对于基因组编辑这项伟大的技术，若我们专注发展其有利的一面，应该能让人类的生活越来越幸福；然而，若放任其有害的一面发展，则人类必将陷入悔不当初的境地。

　　改写人类的设计图谱，这在 5 年前还被当作科幻故事，如今却已成为可能。然而，我们究竟该如何利用这项崭新的技术？仅仅依靠科学家是不足以回答这个问题的。我认为有必要对此展开一场广泛的讨论，让除了科学家之外的生命伦理学研究者以及普通民众都参与进来。

2015 年 7 月 30 日，NHK（日本放送协会）电视台的新闻栏目《Close-Up 现代》播出了一期以基因组编辑为题材的节目——《改造"生命"的新技术——基因组编辑最前线》。本书由当时的采访兼制作团队执笔而成。

　　我们最早产生把基因组编辑作为话题的想法，是在刚刚迈入 2014 年的时候，那时恰恰是标志着基因组编辑取得重大突破的"CRISPR-Cas 9"技术的论文发表后约一年。作为刚诞生不久的尖端科技，业界对基因组编辑的评价褒贬尚无定论。因此，我们必须先对这项技术将来是否具备报道价值做出预判，然后才能决定是否要展开深入采访。而要做出准确的预判，显然并不是件容易的事。

　　我一直在日本文部科学省和农林水产省的记者俱乐部负责科学方面的专业采访。节目制作期间，我在京都放送局担任新闻主管，负责采访指挥,每天都会从分管记者那里接收到京都大学发布的新闻稿,于是天天都有伟大的研究成果被传送到记者俱乐部,其中亦不乏"世界首次"的新发现。然而,并非所有的"世界首次"都具有新闻价值。倘若某项研究成果并不会对人类生活产生影响,也无法引发话题热议,那么就没有必要向社会广而告之了。

2014 年 2 月,有一篇新闻稿引起了我的注意。稿件中称,研究者成功地使用基因组编辑这一最新技术改变了小白鼠的毛色。这既不是"新发现",也不属于"世界首次",说白了只不过是对已有成果的"确认",真是相当平实的新闻稿,自然被别人判断为"缺乏新闻价值"。然而,我却直觉地感到"有什么新的变化正在发生",于是指示分管记者继续跟进采访并及时汇报。

自此之后,我陆续又接收到多条关于基因组编辑的信息。无论在哪个领域,都有越来越多的研究开始应用基因组编辑技术,甚至传出了它有可能获得诺贝尔奖的传闻。种种消息都让我切身感受到了研究者对该技术的热衷。

据悉,在植物育种学领域,研究者们甚至已经展开了一场关于该如何对待基因组编辑的讨论。对于此类不留痕迹的基因操作技术,研究者们似乎在期待的同时也夹杂着担忧。于是我渐渐开始确信,这项技术将成为数十年难遇的重大发现,它已经推开了一扇通往全新世界的大门。我并非研究者,却也曾为此兴奋得一个劲地在房间里来回踱步。

但与此同时,人类却不得不直面迄今为止从未面临过的重大问题,这样的局面令我感到惶恐不安。人类终于能够对各种生物的基本设计图谱——基因——进行编辑,这岂不是彻底改变了人与自然之间的关系? 我们已经迈入了一个能够通过改变人类基因来对人类自身进行操作的时代了吗?

我简单调查了一下媒体通常是如何对基因组编辑进行报道的,结果发现,在科学专业杂志或新闻科技版上,这类报道往往只占据了寥寥数行,而以普通人为受众的信息宣传更是几乎为零,完全不为人所知。

基因组编辑技术毫无疑问将会对社会产生重大影响,但它在推动技术革新的同时却又是如此默默无闻。一种使命感在我心中油然而生:我们应该进行一次深入的采访,以便这项技术被世人正确地接纳。

2014 年 12 月,我们首先在日本关西地区播出了一期 25 分钟的节目。该节目以"基因组编辑将改变世界"为题,邀请到了广岛大学的山本卓教授来到演播厅参加录制,本书也在卷末刊载了对他的采访。这期节目揭示了基因组编辑技术所潜藏的为人类做出巨大贡献的可能性,同时也敲响了警钟,宣告人类从此进入了能够改变自身受精卵基因的时代。未曾想到,仅仅 5 个月之后,就有中国的大学发表了对人类受精卵的基因进行编辑的论文,引发了轰动。

2015 年 7 月的《Close-Up 现代》节目播出之后,2016 年 1、2 月间,学术期刊 *Science* 将基因组编辑技术评选为年度十大科学突破之首,将其视作最能体现科学界发展和成果的代表。如今,作为最有力的诺贝尔奖候选项目,"基因组编辑"这一词语已经成为媒体的宠儿,渐渐广为人知。可以预见,今后关于基因组编辑的讨论必然会越来越热烈。

本书是一篇纪实报告,目的在于阐明这项令人震惊的技术的概况以及它对我们生活的影响。书中以同等的态度对待基因组编辑的利弊两面,以免助长不必要的焦虑与恐慌。身为执笔人,我的初衷是通过传达这项技术的真相,为其被社会接纳奠定基础。

本书的结构如下:首先,为了通俗易懂地说明基因组编辑到底是一种什么样的技术,介绍了京都大学等研究团队所开展的增加真鲷肌肉量的研究(第一章)。其次,通过将这项技术与基因重组等基因工程学的现有技术进行对比,解说其工作方式,概览基因组编辑技术所带来的冲击(第二章)。然后,以实地采访为基础,揭示基因组编辑技术广为人知的契机——第三代 CRISPR-Cas 9——在美国的普及状态和原因(第三章)。

接下来,为了探讨基因组编辑用于品种改良和医疗领域的可能性,我们对各国的研究开发现状进行了汇总(第四章、第五章)。最后,整理了该技术存在的问题和我们应当知晓的论点,对基因组编辑席卷日本的现状,以及对我们日常生活息息相关的具体影响做了一个总结(第六章)。

为了撰写本书,我们还对节目制作时获得的种种消息分别进行了追加采访,以求尽可能地确保信息的及时性。

我认为,书中所描绘的基因组编辑的可能性及其未来图景,绝非荒唐无稽。今后,一定还会有各种远超我们想象的利用方法被不断创造出来。总有一天我们会开始回顾,世界的面貌和人类的价值观都因基因组编辑及其衍生技术而发生了怎样的改变。希望在未来的教科书里,基因组编辑能被写入历史,成为人类发展与历史的伟大里程碑。

不仅如此,对于研究者们是如何当机立断地肩负起责任和使命,消灭本书中所指出的种种隐患的,希望也能被一同记录下来。到那时,基因组编辑作为研究者与全社会齐心协力成就的伟业,一定会被铭刻在科学史之中。

我们所制作的节目以及本书,如果能在其中略尽一份绵薄之力,将是无上的荣幸。

NHK 广岛放送局新闻主管　松永道隆

目 录

第五章　从基因组层面治疗疑难杂症　97

第六章　希望与不安之间——充满迷惘的研究现场　125

第一章

生物已经开始改变

"好像有一种叫作基因组编辑的划时代技术,我们要不要去采访一下呢?"

那是 2014 年 9 月,某个忙碌于节目编辑工作的不眠之夜,新闻主管忽然在我们小憩聊天时说了这么一句话。当时,经京都放送局专门负责科学领域的新闻主管牵头,我们组建了一支由 NHK 京都放送局和大阪放送局的记者、制作人以及导演组成的采访组,并以这个阵容制作了多期报道最新科学成果的节目。从京都放送局到山中伸弥教授任所长的京都大学 iPS 细胞研究所只有十分钟车程,借助这个地利,我们平时就经常围绕 iPS 细胞研究等生命科学领域的话题进行采访。但即便如此,大家对"基因组编辑"这一技术却依然感到陌生。

归根到底,所谓的"基因组"到底是什么?

我们就从这一点开始说起吧。

在我们的细胞之中存在着"基因"，正是它决定着"我"这个人类的"设定"——个子是高是矮，发色是黑是黄……通常而言，来自双亲的遗传信息在继承时经过完美融合，才形成了"我"这样一个人，这是不受个人喜好控制的"命中注定"。因此，就算我们再怎么渴望"变成像某某明星那样的美女"，也不可能一夜之间变美。

不止是人类，其他生物如狗、金枪鱼、土豆等，也都是基于继承"双亲"的遗传信息而形成的。说白了，所谓基因，就是一本用于制造我们人类个体的说明书，而某个生物所拥有的全部遗传信息则被称为"基因组"。这也就意味着，基因组通常是不可能发生改变的。然而，基因组编辑这一技术，居然能够通过对基因组进行"编辑"，从而"改变基因所记载的信息"。不仅如此，如今似乎已经产生了纯粹依靠编辑基因信息而诞生的生物……

听到"改变基因所记载的信息"这句话，最先浮现在脑海中的应该就是"基因重组技术"①吧。在超市的食品生鲜区，我们也经常能看到写着"基因重组食品"②的标签。

于是我向主管请教，基因组编辑和基因重组两者有什么不同，却没有获得明确的答案。当然，区别肯定是有的，主管再三强调，基因组编辑"据说真的是很厉害的技术"，"采访绝对会很有意思，放眼全世界，也还没有几家媒体意识到这项技术的革命性"。

的确，基因重组这个词很耳熟，但我们数得出来的也就只有大豆

---

① 中国民众更熟悉的是"转基因"这个词。"基因重组"（gene recombination）和"转基因"（transgene）的科学概念相似但并不完全相同。为避免混淆，下文根据日本的习惯，将该词一律直译为基因重组。——译者注

② 即中国的"转基因食品"。——译者注

和玉米,那么基因组编辑是否仅能惠及其他食物? 它能够作为基因重组的替代技术,这本身就已极具分量,那么这项技术可否进一步应用于人类呢?

在我眼前,有一位做视频的编辑正忙着对 VTR 录像进行剪切粘贴,这是字面意义所言的"编辑"。那么,对生物的基因也能像对录像带这样简单地进行编辑吗? 对于这个疑问,如果答案确实是"可能",那么,我们的未来毫无疑问将会因此而产生巨大的变化。在了解科学领域时,人们往往会因为难以看透某项研究所蕴藏的潜力而深切地感受到"伟大"与"可怕"的一体两面性。采访,正是揭示个中真相的最佳捷径。我们就此开始了针对基因组编辑的探访。

不存在于自然界的荷兰乳牛

2014 年秋天,我们的第一位采访对象是京都大学研究生院农学研究科的木下政人助教。木下助教的小组在农学研究科之中具体的研究方向是"应用生物科学"和"海洋生物功能学"。他的实验室能把青鳉(medaka)等鱼类改造成研究用的实验动物。

实验室位于农学部研究大楼的五楼,在一间大房间中,数名学生正在操作电脑。作为专门研究海洋生物的实验室,屋内还安置了一个游动着各种鱼类的大水槽。我向附近的学生打了声招呼,随即被引荐到了木下助教位于里间的研究室。

木下助教身着粗犷的衬衣和牛仔裤,笑着出来迎接我。在他办公桌边的书架上,书籍一直堆到了天花板。其中有一本书的封面上印着

"Medaka"的单词，他告诉我说，最近日语的"メダカ"（发音为 medaka，即青鳉）已经逐渐变成世界通用的词语。青鳉的染色体和人类一样，都是 XY 型，而且几乎每天都会产卵，所以作为实验动物很有价值。再加上它的卵膜是透明的，便于观察生长过程，饲养方法也很简单，可以说优点颇多。

木下助教目前研究的是如何运用基因组编辑技术对鱼类进行品种改良。通过这种方法到底能培育出什么样的鱼类，另外，基因组编辑到底是一种什么样的技术呢？

"对生物品种改良而言，基因组编辑是一项极具革命性的技术。"

木下助教以奶牛为例进行了说明。我们每天喝的牛奶都来自"荷兰乳牛"（Holstein）这一牛种。众所周知，荷兰乳牛体形巨大，反应迟钝，性情温和，乳房十分发达，为我们生产了大量的牛奶，是一个伟大的牛种。

然而，身体下方垂着那么大的乳房，荷兰乳牛在理论上绝不可能从奔跑速度极快的肉食动物嘴下逃生。那么，它是如何从自然界残酷的生存竞争之中胜出的？其实这个疑问并不难解答——所谓荷兰乳牛，在自然界中原本并不存在。那么，它是如何诞生的呢？

最开始，人类对野生牛种进行"家畜驯化"，把牛饲养在围栏之中，让产奶量高的牛相互交配。经过漫长岁月的重复交配，终于诞生了荷兰乳牛这一理想的奶牛品种。

不止是奶牛，许多以稳定食物供给为目的的生物品种都是经过类似的重复交配而获得的，比如结穗多的水稻、精肉产出比例高的牲猪。除此之外，犬类的品种也相当繁多，外表、性情、体格以及毛色的区别，都是各种各样的犬只经过杂交而形成的。然而，若是创造新品种，则必须经过数百年的漫长岁月。这还是在杂交顺利的情况下，实际上，我们不一定在每次杂交中都能获得符合预期的品种。

基因重组技术的诞生

那么，能不能想办法在较短的时间内改良出理想的品种呢？一种方法就是直接在该生物的基因上"动手脚"。

比如，大米是日本人的主食。除了开发能结出更多稻谷的水稻之外，科学家也进行过各种其他尝试，其中一种手段就是使用突变原（mutagen，化学物质或放射性物质）改变部分基因。据说通过这种方法，科学家曾创造出剩饭在放冷后也不会变硬的水稻品种。

又比如，为了增大人工养殖的牡蛎的体型，研究人员在卵的阶段降低温度或施加压力，增加染色体条数。染色体条数的增加会导致生殖器官的生长停滞，卵巢或精巢萎缩，而节省下来的能量则会被用于增大体型。

如此，在各种技术的反复试错之后，诞生的新技术就是基因重组。基因重组指的是通过引入外部的其他基因（外源基因）来改变生物性状，例如在动物的基因中引入植物基因。通过这项技术，可以把不同生物的基因混合在一起。最近，除了基因重组的大豆和玉米之外，用基因重组技术培育的早熟鲑鱼已被美国食品药品监督管理局（FDA）批准上市。

然而在进行品种改良时，就算采用了突变原和基因重组技术，时间仍是个大问题。比如，我们要利用突变原破坏某个特定基因，让它无法起作用。在这种情况下，如果单纯只使用突变原，在数量上万的庞大基因之中，我们根本无法预测遭到破坏的会是哪个部分的基因，想要破坏目标基因，只能依靠偶然。而且在绝大多数情况下，遭到破坏的都是非目标基因，所以研究者们只能不断重复相同的实验。

就算利用基因重组技术，研究者也同样只能在成千上万次的重复实验中静待符合预期的情况出现，观察目标基因是否开始工作。除此之外，别无他法。但在当今时代，研究者们的共同心声是难以忍受如此漫长的实验过程。我们经常在各种采访中听到基层的研究人员抱怨科研经费的申请越来越困难。

把数百年的时耗缩短至几年

"这种局面之下，新出现的技术就是基因组编辑。它与以往的技术相比，效率非常高。"

话题终于回到了基因组编辑技术上。所谓基因组编辑，简而言之，就是一种"能以迄今为止从未达到的准确率，破坏指定基因"的技术。

生物的基因中含有名为"碱基"的物质，它分为四种类型，通过相互组合来承载信息；细胞中则含有能与碱基相结合的物质。基因组编辑技术就是利用了该物质的这种性质，把能与待编辑基因相结合的物质传递到细胞内，令其与目标基因相结合。

上述被传递到细胞内的物质，还会与另一种能切断基因、起到"剪刀"作用的物质连接到一起。一旦这一物质与待编辑基因进行了结合,"剪刀"就发挥作用,将基因切断。基因被切断的过程即为其破坏机制,有"TALEN"和"CRISPR-Cas 9"等多种手段可以实现。

与施加作为突变原的化学物质相比,通过这种方法的确能够更准确地破坏基因。比起只能依赖偶然性、根本无法预测实验到底能不能成功,这是非常卓越的进步。木下助教还特别强调,与以往相比,新方法需要消耗的时间有了根本性的缩短。

"对于鱼类的改良,如果被动地等待偶然发生,需要花上一百年甚至两百年的时间。但如果使用基因组编辑技术,理论上只需要几年就够了。"

等待整整一百年,这根本就不切实际。而新技术如果使用顺利的话,能将时间缩短到百分之一,把不可能变为可能。用"极大地提高效率"已不足以形容其突破性,这根本就是另一个层次的技术了!

控制肌肉含量的基因

话说回来,使用这个基因组编辑技术,到底能培育出什么样的鱼类呢?

"我们与医学部的老师合作,将各种病症在青鳉身上重现。比如让青鳉患上帕金森症,以及通过破坏生成血清素(serotonin,一种神经传导物质,被认为具有减轻压力的作用)的基因,培育出患有抑郁症的青鳉,这些都属于研究范畴。"

最近,为了减少哺乳动物作为实验动物的使用量,研究者已经开始将重现了病症的鱼类用于解析疾病机理。有好几种病症的重现研究正在进行——这一趋势本身就是对基因组编辑潜力的最佳注解。

"我们正在对真鲷和红鳍东方鲀等品种进行改良。其中针对真鲷的研究取得了显著进展。"

真鲷需要经过 3 年才能从鱼苗成长为具备繁殖能力的成熟个体,产出后代所需的时间过长,这一缺陷大大阻碍了真鲷养殖产业的发展。对此,研究组正在进行研究,希望培育出成长更快速的真鲷。准确地说,是在幼时就具备生殖能力的真鲷。

"我们希望能把通常需要 3 年的成长期,缩短到 6 个月左右。"

单纯从数字上看,就是要让真鲷以 6 倍的速度繁殖。研究所还针对真鲷进行了另一项研究,希望培育出肌肉含量更高的壮硕的真鲷。1000 克重的真鲷,可食用肉量只有不足 400 克,这是因为现在的真鲷体型不够理想,它的内脏和鱼头所占的比例过高。

真鲷属于高档食用鱼。如果能让它的鱼身部分长得更大一些,对于消费者和从事水产养殖的生产者而言,会是个好消息。

对此,木下助教等人将目光投向了某种基因——肌抑素。人们通常所知的肌抑素是一种抑制肌肉成长的蛋白质(基因的名称和蛋白质相同),其作用是防止体内肌肉过度生长,保持适度的肌肉量。一旦肌抑素停止工作,肌细胞的数量就会增加,且每个细胞都会不断增大,身体将发育得超过正常体型。在人类之中,也有所谓的"肌抑素相关肌肉肥大"(myostatin-related muscle hypertrophy)症状,全世界经确诊的共有 100 人左右。研究表明,这种体质的人,肌肉量约为普通人的1.5 到 2 倍。

　　木下助教等人认为，只要人为抑制肌抑素的功能，应该就能培育出体内肌肉含量相对增加、产肉量高的真鲷了。为此，只要将含肌抑素的基因破坏掉就行。据悉，在其他实验室中已经有这样的真鲷诞生了。虽然目前还只是幼鱼，尚且看不出太明显的变化，但木下助教告诉我们，在此基础上的直接目标是将真鲷的肌肉含量提高到 1.5 倍左右。这已经是非常不错的成果了。

　　"肌肉含量一旦增加，鱼就会显得胖或者变得肥厚。在日本，人们习惯于将真鲷连头带尾食用，所以在装盘时，哪怕鱼的形状略显怪异，都有可能遭到消费者的抵制。但如果做成刺身，应该就能充分利用这项研究成果了。"

　　暂且抛开接受过基因组编辑的鱼类能否获得消费者认可这个问题不谈，只作为刺身的话，即使外形不那么好看，真鲷就是真鲷，那么有更多的可食用肉量，必然是更好的。

　　迄今为止的食用鱼类，要么是通过捕捞获得的自然产品，要么是把自然鱼类放到基地养殖生产。就像驯养家畜那样，渐渐培育出符合需求的品种进行养殖，并最终形成兴旺的水产养殖业。

　　或许，我们正在逐渐掌握控制自然生态系统的能力。人类莫非正在踏足所谓的"神之领域"？

　　于是我们向木下助教提出了这个问题——基因组编辑，是否会改变世界？

　　"当然会。基因组编辑本身是经过了多年研究才得以实现的技术，但也有赖于研究者对其进行了至关重要的改进，令它易于操作，才让它最终实现普及，那位研究者恐怕能获得诺贝尔奖吧。对我们研究人员而言，基因组编辑技术的意义就是如此重大。"

仅仅依靠想象是无法理解这项技术的本质的。于是，我们决定到木下助教饲养真鲷的近畿大学水产研究所进行采访。眼见为实，这是第一步。

在水槽中养殖真鲷

2014 年 10 月，我们驱车前往和歌山近畿大学的水产研究所白滨实验室，我们想要一见的真鲷就饲养在那里。近畿大学一直以来都致力于发展鱼类养殖，尤其是以金枪鱼的人工养殖而闻名，他们成功地实现了在人工设施中从鱼卵到成鱼的完全养殖。2013 年，大阪和东京相继出现了能吃到来自近畿大学的金枪鱼的餐厅，据说相当受欢迎。

其实，真鲷和金枪鱼一样，都是近畿大学的研究对象，其研究历史甚至可以追溯到 50 年前，也就是 20 世纪 60 年代前期。多年以来，近畿大学一直在进行加快真鲷成长速度的开发。人工养殖真鲷的出货尺寸通常为每尾重约 1～2 千克，但自然环境下的真鲷长到这个大小需要花费将近 3 年的时间。近畿大学选择生长较快的个体进行交配，成功获得了能在一年半之内能长到 1 千克左右的鱼苗。木下助教解释道，或许正是因为长得快，所以近畿大学的真鲷达到性成熟（特指动物能进行繁殖的状态）的时间也较短，适合用于实验。

离研究所越来越近，大海的景观也逐渐增多。加之天气很好，一路上颇有几分旅游的气氛。视野之中出现了棕色的砖石建筑，水产研究所白滨实验室到了。建筑物的正前方就是一片广阔的洋面,作为研究海洋生物的基地,这也是理所当然的规划吧。

陪同我们进行采访的京都大学木下助教及其研究所的成员已经到达。寒暄之后,从建筑物内走出来一位高个子的男士,他是和木下助教共同进行研究的近畿大学的家户敬太郎教授。人员到齐之后,大家立刻前往饲养真鲷的基地。肌肉含量超高的真鲷到底长什么样呢?

在前进数百米之后,沿着斜坡修建的建筑物映入了眼帘。建筑物的风格出乎意料地简约。踏进入口便是一连串阶梯,两侧还排列着许多水槽,里面饲养着各种鱼类。走上阶梯进入最里面,有一排高约一米的水槽整齐地排列着,许多真鲷在其中局促地游来游去。

"并不是所有的鱼都接受过基因组编辑。(接受过基因组编辑的)只有这个水槽里的小家伙和那个水槽里的小家伙。"

我们小心翼翼地靠近了他所指的水槽,观察里面游弋的真鲷。与普通真鲷相比,并不能看出它们在体型上有什么差异。

"它们是今年春天才刚孵出来的,还只是小鱼仔。所以光凭肉眼确实看不出太大差别……"

这些真鲷诞生于 2014 年 5 月,也就是采访前的半年左右。在受精卵阶段,鱼卵中被注入了用于进行基因组编辑的 CRISPR-Cas 9 这一物质。顺利的话,这些真鲷抑制肌肉生长的肌抑素会被破坏,从而获得比普通真鲷更发达的肌肉。

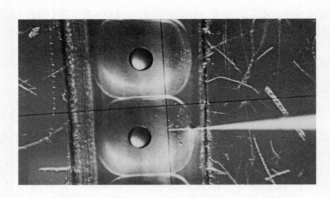

■ 向真鲷的受精卵中注入 CRISPR-Cas 9,进行基因组编辑
（照片来源:京都大学研究生院农学研究科木下政人助教）

鱼到底有没有变大

不过目前看来,这些鱼似乎并没有长出多少肌肉,大概因为还是小鱼吧,所以体型较小。今天,研究人员需要进行两项工作:先往每一尾鱼的体内埋入用于个体区分的标签,然后从其尾鳍的尖端切下一小部分尾鳍。切下来的尾鳍将在明天用来考察基因组的变化,通过对其进行分析,可以确认肌抑素是否真的已经被破坏。

这些工作是由京都大学和近畿大学的一个联合小组完成的。真鲷被一股脑儿地倒进放了麻醉剂的水槽中,当所有真鲷都转移完毕后,再把这个水槽里的水抽走,以便捞取。这些真鲷密密麻麻地挤在水槽底部仅剩的一层水中,大概是因为麻醉剂的效果,原本很精神的真鲷逐渐变得安静。学生们用装着长柄的网兜把鱼捞上来。

　　其中也有回过神来在网兜内横冲直撞的真鲷，年纪虽小却很精神呢。捞上来的真鲷被直接放置到操作台上，家户教授先测量它们的体长，然后用专门的机器在其腹部埋入标签。

　　学生们熟练地读取体长数据，然后切取尾鳍，最后将被切取了尾鳍的真鲷再次放回水中。果然，这些鱼横看竖看也看不出有经过基因组编辑的痕迹。我忍不住跑去询问木下助教："这些鱼要等到什么时候才能长大？它们现在的体型根本没什么变化啊。"

　　木下助教给出的回答是，出生后一年左右应该就能看出区别了。我们脑中想象的画面是真鲷全身整体变大，但其实，肌抑素遭到破坏并不会改变体长，只会导致肌细胞的数量增加，同时每个细胞的体积也会增大。所以实际上的效果应该是只有鱼身变得肥圆。

　　我们再次对真鲷进行了仔细的观察，但还是丝毫没有发现这些鱼有变胖的迹象。在科学领域进行采访的时候，哪怕亲眼看到被称作"世纪大发现"的成果，外行人往往也只会觉得"看不出有什么区别，没什么了不起的嘛"。这一次，我也不由得怀抱着不切实际的期待，总觉得刚出生没多久的真鲷应该就能看出体型差异。

　　然而，实际情况并没有这么简单。科学研究永远是一步一步突破至下个阶段的。如果拿最开始的状况与最终的结果相对比，必然能感觉到成果斐然；但若将目光投向过程中的相邻阶段，则难以分辨出明显的不同。因此，每当我目击这样的现实，都会再次叹服于由无数微小成果累积而成的所谓科学发展的伟力。

　　对于真鲷的研究恐怕亦是如此。接受了基因组编辑的第一代真鲷的外观，或许与普通真鲷没什么差别。但经过一代代交配，就有可能出现肉眼可见的区别。那么，我们在这次采访期间是否有机会见识到显而易见的成果呢？对此，我的心中仍留有一丝期待。

无论如何，只要对今天采取的尾鳍进行分析，就能判明肌抑素是否已被破坏。从现阶段开始密切跟踪这项研究，我们应该就能逐步厘清基因组编辑技术的整体概念及其发展潜力了。因此，我们对接下来的采访寄予了厚望。

瞬间就能完成的基因组编辑操作

说起来，所谓"对鱼类受精卵进行基因组编辑"到底具体是怎么操作的呢？第二天，我们决定拍摄基因组编辑的工作状态。木下助教为拍摄所准备的是青鳉受精卵——青鳉几乎每天清晨都会产卵，操作所使用的就是当天清晨采取到的受精卵。

"研究中最常使用的，应该是青鳉和斑马鱼了。"

木下助教把我们带到密密麻麻摆满了水槽的实验室，其中游着的鱼大多是青鳉。乍一看，这些青鳉都很普通，但其实它们全都接受过不同类型的基因组编辑。目前，研究者正在观察这些个体分别会发生什么样的变化。雌鱼和雄鱼总是被成对放入水槽，每天早晨雌鱼产卵受精后，木下助教再把小小的新鲜受精卵块从水槽中采取出来。

"我们一直都是在这儿进行基因组编辑的。"木下助教带我们到另一个小房间，然后他小心翼翼地向一台显微镜内观察，开始进行操作。他向青鳉受精卵内注入用于进行基因组编辑、切断特定基因的物质。这种物质叫作 CRISPR-Cas 9，平时冷冻保存于试管之中，仅在使用时解冻出少量液体。

操作过程出奇简单——用一种玻璃制成的极细的针头将透明的青鳉卵刺破，然后通过针头将 CRISPR-Cas 9 注入卵中，仅此而已，短短几分钟时间就能完成。

操纵生物基因的过程竟然如此简单，简直太惊人了！至于操作是否成功，则要等到被当成操作对象的生物诞生后才能知晓。

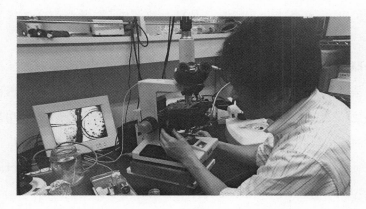

▨ 正在对青鳉的受精卵进行基因组编辑操作的木下助教

基因分析的结果

当天，木下助教还给我们看了前一天所拍摄的真鲷的尾鳍基因分析的结果。结果显示——目标基因被破坏的真鲷占全部的 50% 左右。

"比预计的要少啊。"

研究组原本也没指望基因组编辑的准确率能达到百分之百。

在我们看来，往受精卵中注入基因组编辑物质的操作十分简单，但其实也是有讲究的——CRISPR-Cas 9 的注入必须早于受精卵的分裂。鱼卵一旦受精,很快就会开始分裂。从最开始只有一个细胞,逐渐分裂成 2 个、4 个、8 个……所以,研究人员必须赶在最初的单细胞阶段就完成基因组编辑才行。倘若基因组编辑是在两个细胞的阶段才完成的,那么就只有其中一个细胞能接受基因组编辑,而另一个细胞必然无法接受操作。我们可以简单地想象成有半边身体经过了基因组编辑,而另外半边则没有。如此一来,就可能导致十分微妙的状态,比如以斑驳的状态呈现基因组编辑的结果。

即使赶在卵细胞开始分裂之前,也就是在单细胞受精卵的状态下进行基因组编辑,也无法确保基因一定能被改变。这是因为基因存在于染色体之中,染色体以两条为一组,很可能只有其中一条成功接受了基因组编辑。不过,就算只有一条染色体接受了基因组编辑,这条鱼还是有可能与另一条同样只有一条染色体接受了基因组编辑的鱼交配,并孕育出两条染色体均接受了基因组编辑的后代。

在实地参观了对鱼类进行基因组编辑的工作现场之后,我们意识到,基因组编辑技术仍然处于不断发展完善的过程之中。

变成了 1.5 倍

到了第二年,也就是 2015 年春天的时候,接受过基因组编辑的真鲷差不多要满一周岁了。我们再次与木下助教取得了联系。"它们真的都长得很大了哦!整个背部都鼓起来了。"就算隔着电话,我们也能感受到对方的兴奋之情。

第二天，我们收到了木下助教寄来的真鲷照片。照片中，接受过基因组编辑的真鲷与普通真鲷以头部齐平的方式，上下并排横向摆放。与普通真鲷相比，它们背部附近确实厚厚地鼓起，腹部也隐约可见膨胀。

我们再次前往位于和歌山县白滨町的近畿大学水产研究所白滨实验室。当天的工作计划是测定真鲷的体重。来到实验室，我们一眼就看到真鲷们正精神十足地游来游去，当时的鱼仔已经长得相当大了。

经过上次的操作，真鲷体内都已被埋入了标签。根据这些标签，并结合之前取自尾鳍的基因组数据，研究者们可以区分出接受了基因组编辑的真鲷与普通的真鲷，然后再对比两者的体长、厚度及体重，并拍照留存。接受了基因组编辑的真鲷，其"肥胖程度"将会提高。

和上次一样，研究员先把真鲷倒入加了麻醉剂的水槽中。等麻醉剂开始发挥作用，真鲷都变得老实之后，近畿大学的家户教授就用网兜将其捕捞出来，横向放置到专门用于称量体重的工作台上，由研究员读出体重数据。

首先测量的是并未接受基因组编辑的真鲷的体重。"302.5""347.0"……貌似 300 克出头就是这个阶段的真鲷的标准重量了。接下来是经过了基因组编辑的真鲷："364.9""388.1""450.6""527.6"……

它们确实都比普通真鲷要重。读取数据的学生也时不时发出"哇""厉害了"的惊呼。当被问及"是否预测到了这种程度的结果"之时，对方回答道："没有啊，虽然从外观来看确实变大了，但我们完全没想到差距能大到这种程度,有点儿惊讶呢。"现场的所有人都很兴奋。

外表区别最明显之处在于腹部的两侧。经过了基因组编辑的真鲷肚皮周围更肥大,横向摆放下的视觉对比十分显著。经过了基因组编辑的真鲷在背部有显著的隆起,和普通真鲷相比,明显给人"胖了一圈"的感觉。无论是体重水平还是外表,都约为普通真鲷的1.5倍。

■ 照片上方是经过基因组编辑的真鲷,与下方的普通真鲷相比,明显偏大

（照片来源:京都大学研究生院农学研究科木下政人助教）

全新的真鲷

"这一次就明显给人很壮实的感觉了。当初我还以为必须繁殖到下一代,肌抑素被破坏的效果才能显现出来呢。利用基因组编辑,居然在第一代就能得到结果,真是太惊人了,效果完全超出预期。"

根据木下助教的介绍,鱼类是从生到死会持续长大的生物。那么从今往后，这些真鲷还能进一步长大到什么程度，最终又会显现出多大的体型差距？又及，现在已是 2016 年 5 月，第一世代真鲷的生殖功能也已具备，研究者们取到了它们的精子和卵子。那么第二世代真鲷还会显现出怎样的不同之处？这些都是值得注意的关键点。如果让经过了基因组编辑的真鲷相互交配，就有很大的可能性培育出将肌抑素失效这一特性进一步强化的个体。目前，木下助教等人的研究组正在制订计划，希望能在数年后将这一批出生的产肉量高的真鲷投放市场。

我们亲眼见证了一种"全新真鲷"的诞生——仅仅是对受精卵进行基因组编辑，就能诞生出与亲代具有截然不同特性的后代。

人类到底该如何接受这一事实？经过长达半年的采访，我们不但深深体会到了研究人员的辛苦，同时也对他们的理念感同身受。基因组编辑一定能作为对社会有用的技术而被善加利用。但我们在满怀期待的同时，却也总怀着一种难以言喻的不安。

木下助教进一步向我们强调了这项技术的潜力。

"从前完成一项品种改良，至少也需要 10 年，有时需要 20 年甚至 50 年的时间。而采用基因组编辑，像真鲷这样的生物只需要一年就能看到效果。只要从理论上搞清楚'将这个基因这么改变一下就会出现所希望的形态或特性'，研究者就能立刻将其转化为现实——这就是基因组编辑最惊人的优势。"

针对真鲷的研究在短短一年内就获得了喜人的成果。在有过这样的经历之后，木下教授对于基因组编辑技术的评价也提高了不少。

"接下来，我们想要对已经实现人工养殖的河豚，在市场上人气高的金枪鱼、褐石斑鱼和石斑鱼等鱼类进行品种改良。在肌肉含量这方面，真鲷已经很难再有更大的突破了。不过对于比目鱼这类身体扁平的鱼种，通过基因组编辑增加产肉量，应该很快就能实现。"

创造"功能鱼"

通过品种改良，不但可以增加鱼的产肉量，将来很可能连口味和营养成分也能改变。

"我认为，如果能创造出不但美味，而且还有益于人体健康的鱼种——功能鱼，那就再好不过了。和畜肉相比，鱼肉含有更多的 DHA（二十二碳六烯酸）和 EPA（二十碳五烯酸）等多元不饱和脂肪酸，一直以来都被认为是有益健康的肉类。那么，我们是不是能创造出可以在体内直接合成多元不饱和脂肪酸的鱼种呢？或者能否创造出含有大量维生素的鱼种呢？"

鱼类原本只能从饵料中吸收多元不饱和脂肪酸，然后蓄积在体内，现在，我们希望它们能自主在体内进行合成。木下助教的想象力还真是无限。这一设想倘若成真，鱼类很有可能变成膳食补充剂的替代品。

科学家们只有坚信某项技术伟大到足以改变人类的未来，并决意朝着认定的目标前进，才能在经历无数次的失败后依然毫不气馁——我在进行科学采访时，脑中常忍不住浮现出这样的念头。针对基因组编辑的研究亦是如此。在当下这个有可能爆发全球性食物短缺危机的时代，如果能接连不断地开发出新的食物来源，无法想象，这对全人类而言，将会是多大的福祉。

今天诞生的这些真鲷，未来还将面对怎样的命运？我们一定会继续关注。

第二章

基因组编辑的机制解析

在我们制作的介绍基因组编辑的节目中，曾以 CG（Computer Graphics，计算机图形）的形式对其机理进行了解说。俗话说得好，"说起来容易做起来难"，仅仅自己理解，与通过节目的播放让观众理解，两者之间存在巨大的鸿沟。到底该如何进行说明，才能解释得通俗易懂？

基因组编辑技术是"能够瞄准某个特定基因，以高于以往数万倍的准确率，实打实地破坏目标 DNA（也就是令其功能失效）的技术"。

为了把这个过程用 CG 表达出来，我们必须对基因组编辑技术进行更为深入的了解。因此，我们决定前往广岛大学，向日本最早开始进行相关研究的山本卓教授求教。山本教授在百忙之中爽快地答应了我们的请求，他挤出时间，从头开始为我们介绍基因组编辑的相关知识。

青蛙变白了

来到广岛大学,山本教授把我们带到了一间屋子里。这间被称作"蛙房"的实验室位于广岛大学的综合研究实验楼。明亮的日光灯发出刺目的白光,照射着摆放于柜子上的数个水槽。

水槽中,游动着数只奇异的青蛙。青蛙的背部呈现略偏黄的奶油色,真是名副其实的"白蛙",而它们位于身体上方的两只眼珠则是如同红宝石一般的鲜红色。在我们碰到水槽外壁时,这些青蛙大概是感觉到了声音和振动,齐刷刷受惊般地游了过来,用鼻尖砰砰地不断撞击起槽壁。八字撇开的双腿,还有那懵懂的表情,真是有些可爱。这种白色的青蛙叫作非洲爪蟾(Xenopus laevis),正是基因组编辑技术使其变成了白色。

■ 通过基因组编辑诞生的白色非洲爪蟾

另一个水槽中饲养着变色之前的原色非洲爪蟾。它们的大小、形状以及外表看起来都与白蛙一模一样，唯独背部的颜色完全不同——绿色的底色上分布着不规则的黑斑，有点像绿色迷彩。它的眼睛是黑色的，只要安静地趴在堆满落叶的池塘底部，就很难被发现。

山本教授解释道，这些白蛙的体内会生成黑色素的基因已在基因组编辑的作用下失效。该基因名为酪氨酸酶（Tyrosinase，同时也是该基因所生成的酶的名称），是生成黑色素必需的基因。酪氨酸酶一旦遭到破坏，青蛙就无法生成黑色素，从而变成白色。然而，精准地单单只破坏目标基因，这在以往是相当困难的事情。若采用传统的改变基因的技术，需要经过成千上万次尝试，然后从中挑选出恰巧只被破坏了酪氨酸酶的个体。

这个过程将耗费研究者难以想象的时间与精力，没有人会真的这么做，所以事实上就等于不可能完成的任务。自然界中也会有极其小的概率诞生白色个体从而成为新闻，但现实中从未有人看到过白色的青蛙。由此可见，这是多么罕见的现象。

然而，基因组编辑将不可能变成了可能。

让操作熟练的学生对 10 个蛙卵进行基因组编辑操作，基本上就能诞生 10 只白色的青蛙。瞄准单一基因进行改动，由此成为可能。目前，山本教授等人正以青蛙是否变白为指标，对基因组编辑技术进行改良。白蛙已经成为生命科学领域的最新技术——基因组编辑的划时代性的体现。

在广岛大学，山本教授率领的研究组从很早开始就一直在进行基因组编辑的研究，是该领域的先行者。

山本教授是在 2008 年初次听闻基因组编辑技术的。从国外的论文上见识到基因组编辑这一技术后，山本教授便立刻被其潜力所吸引，同时也意识到日本在该领域已远远落于人后，不禁有几分焦急。从此，山本教授自费组织研讨会等活动，致力于在日本普及该项技术。

"在日本，基因组编辑的普及程度和人们对它的了解还远远不够，和其他国家相比十分落后。虽然有很多人想要使用这项技术，但却不懂得该如何用，也缺乏教授使用这项技术的场所。立志于普及这项技术的几个志愿者团体，不约而同地向其他研究人员发出了邀请。研讨会和讲座大半是自发组织的，几乎全凭热爱驱动。"

对于基因组编辑在日本国内的发展史，山本教授从初期就了如指掌，他真是名副其实的先行者之一。对于基因组编辑的机制，山本教授结合其发展史，向我们娓娓道来。

到底什么是"基因组"

虽然在第一章里已经介绍过了什么是基因组，不过还是让我们再对其进行一次回顾吧。

我们人类的身体大约由 60 兆个细胞构成，其中的每一个细胞都具备细胞核。而在这个细胞核里，容纳着 46 条染色体，其中有半数——也就是 23 条——继承自父亲，另外 23 条则继承自母亲。具体到每一条染色体，则呈现为双螺旋结构的"DNA"。DNA 是脱氧核糖核酸（deoxyribonucleic acid）的缩写，它记录着人体的遗传信息。自从 1953 年 DNA 的双螺旋结构模型被确立之后，基因研究就进入了飞速发展的时期。

DNA 由 A（腺嘌呤）、T（胸腺嘧啶）、G（鸟嘌呤）、C（胞嘧啶）这四种碱基排列而成。其中 A 与 T 配对，G 与 C 配对，形成双链（double-stranded）结构。同时，这些碱基的排列顺序所蕴藏的信息就是基因。据说，人类所拥有的基因数量在两万个左右。

而这些 DNA 所蕴藏的全部基因信息，统称为基因组（genome）。这个单词源自基因（gene）和染色体（chromosome）的组合。

那么，基因的作用是什么呢？基因是蛋白质的设计图。我们的身体有一大半由蛋白质构成，无论是人类还是其他哺乳动物，甚至植物，都可以说是依赖于蛋白质而存在的。食物的消化过程、细胞之中的各种化学反应，都必须有名为酶的蛋白质的参与才能完成。组成身体并执行运动机能的肌肉以及各种激素，大多数也是蛋白质。

因此可以说，基因全面掌控着生物的身体构造及其基本特征。只要对基因进行操作，就能改变生物的形态和特征。

以往的品种改良

人类从远古时代起，就一直在进行着品种改良工作，具体表现为把植物驯化成作物，把动物驯化成家畜，以强化其对人类有利的特征。这种方法要么需要严密规划动植物的交配，要么必须先找到自然产生的突变个体。

随着科学的发展，人类已然知晓基因的基本构造，但实施品种改良的基本思路却并未发生大的改变。虽然从只能依靠自然突变，发展成了可以使用辐射或化学物质人工促进突变，但本质上仍然是依靠偶然找出发生了符合预期变化的个体,然后令其重复交配。

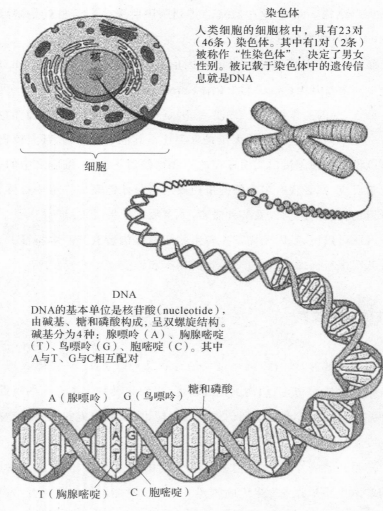

染色体

人类细胞的细胞核中,具有23对（46条）染色体。其中有1对（2条）被称作"性染色体",决定了男女性别。被记载于染色体中的遗传信息就是DNA

细胞

DNA

DNA的基本单位是核苷酸（nucleotide），由碱基、糖和磷酸构成,呈双螺旋结构。碱基分为4种：腺嘌呤（A）、胸腺嘧啶（T）、鸟嘌呤（G）、胞嘧啶（C）。其中A与T、G与C相互配对

A（腺嘌呤）　　G（鸟嘌呤）　　糖和磷酸

T（胸腺嘧啶）　　C（胞嘧啶）

■ DNA 与染色体结构

　　日本农林水产省下辖的研究组织——农业、食品产业技术综合研究机构(农研机构)，拥有一座被称作"伽玛农场"(Gamma Field)的户外实验农场。这座农场位于茨城县常陆大宫市。农场呈圆形，以放置有放射性物质"钴60"的塔为中心，半径为100米。里面栽培了各种植物。植物在生长过程中时刻接受辐射，以促进突变的发生。这个方法虽然传统，但时至今日仍是重要的品种改良手段之一。

　　有一种名为"黄金20世纪"的梨，就是从对黑斑病(植物的茎、叶、果实等部位出现黑色斑点的病害)这一病症抵抗力相对较弱的"20世纪"梨中选育出来的、耐黑斑病的强化品种。"黄金20世纪"在鸟取县等产地大受好评，栽种面积逐年增加。

　　然而，"黄金20世纪"的开发耗费了漫长的时光。伽玛农场开始栽种这种梨是在1962年；1981年，在感染了黑斑病的植株中找到了未发病的树枝，这时距离伽玛农场开始栽种这种梨已经过去了19年；利用这一根突变树枝进行重复实验，最终依据《植物新品种保护和种子法》将"黄金20世纪"登记为植物新品种，则是在1991年，这时距离开始栽种已经过去了29年。如此利用突变进行育种，虽然可以在多个地方同时进行，但不管在哪儿都需要等待漫长的年月，耗费大量的精力。

基因重组与基因组编辑

　　听到可以操纵基因的技术，大家脑海中最先浮现的一定是基因重组吧。根据日本厚生劳动省下发的宣传手册中的定义，所谓基因重组,指的是"从生物细胞中提取具备有用性状的基因,组合到植物等生物的细胞基因中去,令其获得新的性状"。简而言之,基因重组是一种能"插入"跨越生物种属的新基因的技术。它出现于 20 世纪 70 年代,在发展中逐步应用于实践,取得了诸多成果。

以前,治疗糖尿病的药物胰岛素只能从猪等动物的心脏内提取,在采用了基因重组技术之后,才实现了大规模生产。将人胰岛素的基因组合到大肠杆菌或酵母的基因中,然后进行培养,就能大规模制造出人胰岛素。这为糖尿病的治疗做出了巨大贡献。

基因重组也被应用于某些植物的品种改良领域。大家应该都听说过具备除草剂抗药性的大豆,以及对害虫有抵抗力的玉米。除了利用病毒和细菌之外,也有其他的基因插入方法,比如对于动物,最常用的就是将基因直接注入受精卵中。鱼类中也已经诞生了基因重组的品种,其应用实例正不断增加。在第一章中已有提及,2015 年美国食品药品监督管理局批准了通过基因重组的方式促进成长激素分泌,从而实现快速生长的大西洋鲑鱼(Salmo salar)的食用养殖与贩卖。

在日本国内,广为人知的基因重组植物是蓝玫瑰。接下来就以此为例,对基因重组和基因组编辑的区别进行说明。

蓝玫瑰在自然界中原本并不存在。三得利株式会社的研究小组于 2004 年宣布其使用基因重组技术开发蓝玫瑰,并获得了成功。他们将玫瑰的基因与三色堇生成蓝色素的基因进行融合,制造出了蓝色的玫瑰。但从开始到成功,他们花费了 14 年时间。据悉,在开发过程中研究人员遇到了各种难题,比如该选择什么基因,该在哪个位置插入。不过,还是让我们先把注意力放在基因之间的融合到底有多困难这一点上吧。

　　如果把一连串的基因当作排成一列的积木,那么我们首先得搞清楚,蓝色的基因该插到哪里。在操作基因重组技术时,想要往细胞中插入代表蓝色基因的蓝色积木,很可能受到成列的积木排斥而插不进去,也可能无法瞄准插入点,插到了错误的地方,甚至多插了好几个。整个过程不可控,只能大量重复蓝色基因的插入操作,经过几千、几万次的尝试,从中挑选出恰巧符合预期的插入结果。也就是说,基因重组仍然依赖于偶然性,必须耗费漫长的时间和大量的劳动,并非人人都能做到。

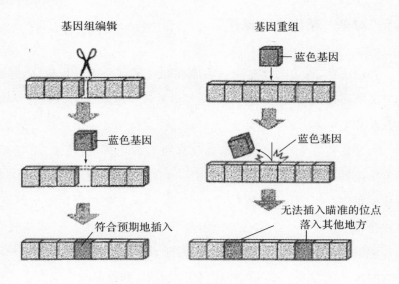

■　基因组编辑与基因重组技术对比

　　而能让这个过程精准完成的技术,就是基因组编辑。采用基因组编辑,可以把基因正确地插入所瞄准的位点。同样以积木为例对这个过程进行说明。首先，切开基因所瞄准的位点，使其丧失功能；此时，被切开的位点就出现了一个间隙，可以趁机将蓝色基因插进去；被切断的基因会尝试进行修复，从而与蓝色基因融合到一起。结果就是蓝色基因成功实现了插入。

第一章中介绍过的真鲷以及本章所介绍的白色青蛙，都只经历了特定基因被敲除（knock-out）的过程，而上文中的案例还能引入（knock-in）新的基因。对基因进行剪切粘贴，这项技术确实是名副其实的对基因进行"编辑"的技术。

如何"对单一基因进行操作"

在此之前，也曾有过唯一一项能够针对靶点基因进行操作，并获得普及的技术诞生，即获得了 2007 年诺贝尔生理学或医学奖的"基因敲除小鼠"。

为了研究某个基因的功能，需要先将其破坏掉，也就是进行所谓的基因敲除，观察会发生什么现象。一直以来，我们利用这种方法解析出了很多基因的功能，建立了超过 500 种病症的小鼠模型。然而，这项技术同样存在一大难题：培养"基因敲除小鼠"，是一项需要耗费相当多的时间与精力的困难工作，熟练的研究人员也要花半年到一年左右时间才能完成。而且就算顺利培养出了"基因敲除小鼠"，也有可能什么变化都没能观察到。大学研究生院的硕士生或博士生课程时间通常为两到三年，只勉强够培养出一只"基因敲除小鼠"，写完论文。

而且，想要培养"基因敲除小鼠"，还存在另一项极大的制约——

必须借助一种特殊的细胞——胚胎干细胞。胚胎干细胞只有在受精卵刚开始发育时的某段非常特殊的时期才能提取到,而且只有少数动物——比如大鼠和小鼠,才能生成。

即便如此,依然有许多人在使用这项技术。为本书的撰写做出了巨大贡献的京都大学 iPS 细胞研究所的山中伸弥教授亦是其中一员。如序言所述,山中教授在年轻时曾为了学习基因敲除技术而远渡重洋,赴美留学,由此可见该技术的魅力之大。因为这曾是唯一能逐个考察每种基因功能的技术。

通过基因敲除技术,我们明白了许多种基因的功能,大大提高了对基因的认识水平。然而,因为实验的难度过高,据说有不少研究生在这个领域耗费了两三年时间之后却一无所获,无法毕业。

基因组编辑是何时出现的

如果能准确地对基因进行操作,就能更自由地制造出"基因敲除小鼠",甚至还能对除小鼠之外的其他生物实施基因敲除。开发基因组编辑技术的过程持续了很多年,这项技术的开发要点在于,如何才能准确地击中想要操作的基因。

大约在 20 年前,出现了第一代基因组编辑技术——ZFN(锌指核酸酶,Zinc Finger Nuclease)。

上文已经阐述过,生物的基因是利用 4 种碱基来记载信息的。而在细胞里,则存在具有能与特定碱基相结合的蛋白质。ZFN 所凭借的就是蛋白质的这种特性。

在使用 ZFN 时，研究者首先必须针对蛋白质的特定部分（锌指）进行分析和设计，使其能与想要编辑的 DNA 碱基序列相结合，然后制备出该锌指蛋白，并将其送入细胞之中。它会从数万基因中找到目标基因，并与之结合。

在该锌指蛋白上，还设置有另一重关键诀窍——其上连接有能够切割基因的限制性内切酶（的一部分）。如此一来，当 ZFN 与目标基因结合时，该内切酶就能发挥类似剪刀的作用，将基因切断，从而使得目标基因丧失作用。

锌指蛋白对碱基的识别以 1～3 个为一组。比如对于"GAA"这一碱基序列，则需选择与其相对应的适当的锌指进行排列。有时单纯依靠排序还是难以识别，这取决于成为靶点的碱基的排列方式。总之，想要完成与碱基进行结合的蛋白质的制备工作，必须具备极高的知识水平和技术能力以及丰富的经验。

之后，在 2010 年左右出现的第二代 TALEN（transcription activator-like effector nuclease，转录激活因子样效应物核酸酶）技术实现了相当大的突破。每一个碱基都与一个 TAL repeat（蛋白）相结合。在熟悉 TALEN 之前确实会感到它难以使用，但其作为能读取基因序列并准确切断目标位点的技术，在专家之中逐渐获得了广泛关注。

确实，已有越来越多的研究人员开始使用 TALEN 进行研究，而且在技术层面也已取得很大进展，如今已经能以更高的效率，在短时间内完成使用前的准备工作。TALEN 很少会发生误切断非目标 DNA 序列的情况，直到如今，它获得的评价依然很高。

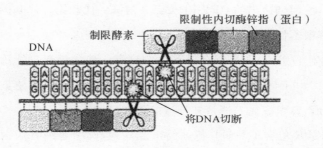

■ ZFN 原理

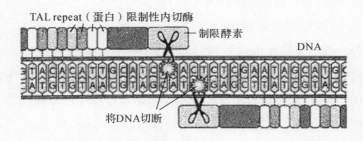

■ TALEN 原理

第三代技术——CRISPR-Cas 9 诞生记

第三代的 CRISPR-Cas 9，是以发表于 2012 年的某篇论文为其诞生标志的新技术，常被称作"基因魔剪"。正是因为 CRISPR-Cas 9 的出现，基因组编辑才获得了全球性的普及。

这篇论文是美国加利福尼亚大学伯克利分校的詹妮弗·杜德娜（Jennifer Doudna）博士，以及瑞典于默奥大学（Umeå Universitet）的埃马纽埃尔·卡彭蒂耶（Emmanuelle Charpentier）博士的研究组的共同成果。她们创造出的 CRISPR-Cas 9 与第一代和第二代基因组编辑技术有着根本性的不同。

研究组注意到,细菌具备某种防御病毒入侵的机制。细菌之中存在一种名为 CRISPR 的 DNA 序列,该序列会在对抗病毒感染时发挥作用,然而,科学家尚不清楚其具体的作用机制。

CRISPR 包含某种颇具特征的重复序列,其中容纳有病毒的部分DNA,这是过去曾感染过的病毒的基因片段。当再次遭受到同种病毒的感染时,细菌就能以该序列为标记,利用一种名为 Cas 9 的酶,将病毒的 DNA 切断以防止感染。

包括我们人类在内的脊椎动物,都拥有免疫系统机制以保护自身。大家知道,如果在小时候曾得过麻疹或水痘,那么将来再次感染时症状就会减轻,这得益于免疫细胞在感染后记住了病原体特征。疫苗利用的就是对病原体的细胞表面特征的记忆作用。接种疫苗之后会发生初次感染,于是免疫细胞就记住了这种特征,在发生二次或多次感染时就能快速消除病原体。这叫作"获得性免疫"。

在细菌中发现的"CRISPR"的 DNA 序列和"Cas 9"的酶能起到类似的作用。只不过,作为标记被记住的是基因的碱基序列。换句话说就是,细菌也具备以基因序列为标记的获得性免疫能力。

两人的研究组在 CRISPR 和 Cas 9 的现有功能的基础上,对其进行了易于使用的改进,并展示了将其当作人为切断目标 DNA 序列的道具来使用的方法。换言之,她们证明了它可以成为基因组编辑的工具。许多研究者都对该项成果给予了回应。

其中包括由麻省理工学院(MIT)和哈佛大学共同成立的博劳德

研究所(Broad Instibate)的张锋博士的研究组,他们随即也投入了对CRISPR-Cas 9 的应用和改良工作中。研究组确认了 CRISPR-Cas 9 亦可应用于人类和动物细胞,并对其进行了进一步改良,充分展示了它在技术层面的巨大潜力和通用性。自此,对 CRISPR-Cas 9 的应用才算是"真刀真枪"地开始了。

此时,距离 2012 年的论文发表仅仅过去了 2 年时间,而 CRISPR-Cas 9 已在全球的各项实验中获得了广泛使用,奠定了其基因组编辑的王牌技术的地位。甚至在 2015 年,还传出了它的发明者有可能成为诺贝尔奖有力候选者的消息。能在如此短的时间里获得广泛关注和普及的技术真是少之又少。作为刚诞生不久的新技术,CRISPR-Cas 9 至今仍在不断完善,不断进化。

"向导"和"剪刀"——CRISPR-Cas 9 的机制解析

基因组编辑大受瞩目,正是在 CRISPR-Cas 9 这一技术开发成功之后。该技术的特征在于,能以极其简单的方式对基因进行精准操作。

CRISPR-Cas 9 是由两大要素构成的:其一是以 RNA(Ribonudeic Acid,核糖核酸)形式存在的被称作"向导 RNA"的部分;其二是被称作 Cas 9 的用于切断 DNA 的酶。

向导 RNA,顾名思义,承担的是向导的工作,它能找出需要作为靶点进行切断的是 DNA 的哪一部分。向导 RNA 巧妙地利用了RNA 的功能——RNA 和 DNA 一样都属于核酸,但却具有不同的功能。DNA 主要存在于细胞核内，用于保存信息；RNA 则承担了对这些情报进行转运，也就是誊写的工作。因此，RNA 能够以互补的方式与 DNA 序列相结合。

RNA 由四种碱基：腺嘌呤（A）、鸟嘌呤（G）、胞嘧啶（C）、尿嘧啶（U）排列而成。每种碱基都能与 DNA 上相应的碱基相结合。DNA 的腺嘌呤（A）对应 RNA 的尿嘧啶（U）；DNA 的鸟嘌呤（G）对应 RNA 的胞嘧啶（C）。如此确认结合对象的原则称作"互补配对"。比如，RNA 引入了腺嘌呤（A）、鸟嘌呤（G）、尿嘧啶（U）的序列，则它将与序列为胸腺嘧啶（T）、胞嘧啶（C）、腺嘌呤（A）的 DNA 相结合。

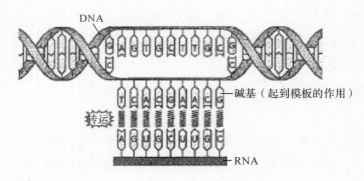

■ RNA 转运的原理

CRISPR-Cas 9 正是利用了 RNA 的这一特性。用图书馆数据库的检索功能来打个比方：我们想要阅读某本书，但在庞大的图书馆里，不知道这本书存放在哪个书架上，于是我们就要使用数据库的关键词检索功能，输入想读的书的标题进行检索，在书海中找到与标题相一致的书的存放位置。

RNA 的使用方法与之类似。书的标题相当于由 20 个碱基排成的序列,我们需要从 DNA 中找到与该序列互补一致的排序。人类的基因组是由约 30 亿对碱基排列而成的,每个细胞中都包含着具有 30 亿对碱基的 DNA,所以,需要从中找到与由 20 个碱基组成的"标题"完全匹配的 DNA 序列。用"找到"这个词,或许会让人感到奇妙,我们可以想象成碱基相互之间会朝着完全匹配的结合位点移动。虽然相似的序列之间同样存在吸引力,但只要存在吻合度更高的其他位置,碱基就会朝该方向移动,最终必然能找到完全匹配的位点。

　　向导 RNA 会与用来切断 DNA 双链的 Cas 9 内切酶形成一个复合体。该复合体被送入想要进行基因操作的细胞内部,找到目标 DNA 序列,然后由 Cas 9 执行对 DNA 的切断。

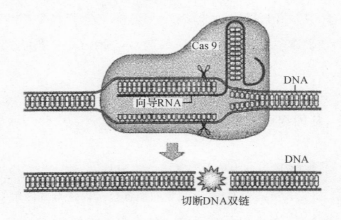

■ CRISPR-Cas 9 原理

　　细胞之中的 DNA 具有在被切断后进行修复的功能。如果任由其修复成和原序列相同的序列,则 CRISPR-Cas 9 会再次发生作用,重复进行切断。因此,必须在反复的"切断—修复"过程中,诱导其发生"修复失误"，令原序列中的碱基发生变化。一旦发生变化，CRISPR-Cas 9就会停止切断，而发生过"修复失误"的序列则无法再发挥原本的功能。如此一来，就实现了对目标基因的点对点精确破坏（基因敲除）。

利用这项技术，我们还可以朝瞄准的位点插入新的基因。只要把想导入的新 DNA 片段与 CRISPR-Cas 9 一起传递到细胞内，在基因尝试修复被切断位点的过程中，该 DNA 片段就会被捕获。把基因切断，然后连接上别的基因，如此这般，就实现了"编辑"。

如今，RNA 属于非常容易制备的材料。第一代和第二代的基因组编辑都是使用蛋白质作为向导的。而第三代 CRISPR-Cas 9 则抛弃了蛋白质，只需要准备 RNA 和 Cas 9 就足够了，因此操作过程与以往相比，简单了许多。正是这份简单，成为 CRISPR-Cas 9 获得迅速普及的原因。

原则上，基因组编辑能应用于所有生物

以 CRISPR-Cas 9 为核心的基因组编辑技术，被认为能应用于所有生物。研究人员甚至发现，对细胞和病毒也可以进行基因组编辑。

对于动物，现已确认除人类、猴子和小鼠等哺乳动物之外，CRISPR-Cas 9 对于真鲷、斑马鱼等鱼类，青蛙等两栖动物以及蟋蟀等昆虫同样有效。对于除人类之外的动物，主要是针对受精卵进行基因组编辑。

在受精卵中引入新 DNA 片段这一操作本身并不复杂。在第一章

我们已经介绍过如何对青鳉的受精卵进行基因组编辑，这一过程需要用到专门用于操作玻璃毛细管的"显微操作器"（micromanipulator）装置。将毛细管插入受精卵，然后注入向导 RNA 和 Cas 9，操作非常简单，大学本科生也能很快掌握。

而植物的情况则与动物有所不同（本书将在第四章详述）。植物细胞有细胞壁，所以想要将 CRISPR-Cas 9 注入细胞内，就会比较困难。因此对于植物，必须先用基因重组技术将向导 RNA 和 Cas 9 的表达基因组合到细菌（载体，即用于导入基因的"搬运工"）之中，再把该细菌注入植物细胞内。其中的载体细菌选择的是用于植物基因重组的农杆菌（Agrobacterium）。这也是植物基因重组的常规技术方案。被注入的细菌会在植物细胞内生成向导 RNA 和 Cas 9。

接着，CRISPR-Cas 9 会在细胞中发挥作用，改变目标基因。对于经过了基因重组的部分，可通过"回交"（backcross）——也就是将其与未经基因重组的植株交配的行为——清除掉。虽然有些麻烦，但这就是目前对植物进行基因组编辑的通用方法。

最近，为了以物理方式突破细胞壁，研究人员可以使用被称作粒子枪（particle gun）的装置，将附着了基因组编辑工具的金属微粒打入细胞内部。在中国等国家，针对水稻、小麦、大豆以及番茄等作物进行新品种开发的工作已经进行得如火如荼。如何才能将基因组编辑工具以更为简单的方法运送到细胞内部，已成为植物基因重组领域的重大课题。可以预见，一旦克服这个难关，植物基因组编辑技术将再一次发生飞跃。

无论哪种情况，大前提都是必须知晓 DNA 的碱基序列。换言之，只要搞清楚了基因序列，就一定能进行基因组编辑。

另一方面，该技术也存在尚未解决的问题。基因组编辑在理论上应该以目标基因为靶点，但严格说起来，并非所有情况下都能做到只瞄准单一基因，常发生被称作"脱靶效应"（off-target effects）的现象。一旦除目标基因之外的其他基因遭到改变，则有可能产生无法预料的影响。今后，当该技术被越来越多地应用到医疗领域的时候，或是在讨论食品安全问题的时候，脱靶效应将会成为无法回避的问题。采用什么方法能减少脱靶效应的发生，也将成为重要的技术改进点。

尽管还存在这样那样的问题，但可以肯定的是，接受过基因组编辑的生物种类正不断增加。生物基因破译技术的快速发展，使其变得简单易行且成本不断降低。在大肠杆菌之外，猪牛之类的家畜、作为宠物的猫犬，以及极具人气的高价稀有观赏鱼类，越来越多的生物已被纳入工业生产体系。除此之外，还有很多以前无法为人类所用的动物，也可借助基因组编辑而衍生出新的利用价值。在当今世界，想要获得成功，靠的是创意。可以预见，未来必将是对各种生物的 DNA 解析与基因组编辑齐头并进的时代。

本章对基因组编辑的机制进行了解说。但只看原理，也许会有人觉得这项技术不过如此。的确，它的原理很简单，难免会让人觉得"就这么简单的一回事，为什么从前一直没人想到？"

简单来说，以前没有人想到的理由在于，在细胞之中，一切绝非如此简单。单独提取一种酶放到试管里，让它发生作用，在这种情况下确实很容易获得符合预期的反应。但在细胞环境下，同时还存在能分解这种酶的其他酶、对 DNA 起修复作用的酶以及会合成或分解 RNA 的酶。

就算知道了原理，想要随心所欲地在细胞内进行操作也是相当困难的。基因组编辑的开发史，就是一部与之对抗的战斗史。CRISPR 和 Cas 9 在哺乳动物的细胞内也能有效地发挥作用，但其他几种被称作"Cas 家族"的相似内切酶，却并非都能在哺乳动物的细胞中完成 DNA 切断功能。不进行实验，就无法预测这种方法是否行得通，细胞中的情况是如此复杂，不可能让操作如臂使指。

强化基因组编辑应用领域的产业优势

听完广岛大学山本卓教授对于基因组编辑技术的解说，让我们把话题拉回最初。本章一开始就提到，山本教授与基因组编辑技术结缘是在 2008 年，刚好是基因组编辑的第一代技术 ZFN 技术在国外论文中登场的时候。

当时，山本教授正利用海胆进行细胞构成方面的研究，想要在细胞的某个特定位点导入能生成绿色荧光蛋白（GFP）的基因，以便观察。但以往的基因重组技术无法精确插入目标位点。

于是，实验室的成员开始共同探索用于推进研究的必要技术，最后找到的答案就是基因组编辑。山本教授等人经历了 2 年左右的反复实验，终于凭借 ZFN 技术成功破坏了目标基因，并于 2010 年将成果整理成论文发表。

基因组编辑的第一代 ZFN 技术普及至今尚不足 10 年，第二代、第三代技术就已陆续出现，并且其跃进式的发展势头仍未显露出减缓的迹象。如今，山本教授一边继续研究海胆，一边将精力放在了推动基因组编辑这一划时代技术在日本国内的普及和正确运用上。

"现在已经很少有人知道我是从研究海胆起步的了。"山本教授笑着说道。他认为，日本今后在开发自有技术的同时，还将在基因组编辑的应用领域充分发挥出自身优势，通过与企业紧密合作，建立起基因组编辑的产业优势。

CRISPR 是日本科学家发现的

我们已经介绍过了 CRISPR-Cas 9 的开发历程。然而，从 2012 年关于 CRISPR-Cas 9 的论文发表日往前回溯，早在 20 多年前，是日本的科学家首先发表了一篇论文，记载了对 CRISPR 的 DNA 序列的发现过程。这个研究组目前由石野良纯教授率领，隶属于九州大学研究生院农学研究院。

我们前往九州大学拜访石野教授。他亲自来到大学研究楼的入口迎接我们，把我们带到了实验室。或许因为是休息日吧，实验室里静悄悄的。

我们想了解的是，当初发现 CRISPR 的时候，石野教授的团队是否意识到其重要的价值。石野教授一边认真回答我们的问题，一边从头开始为我们解说 CRISPR 的相关知识。

严格说来，石野教授的研究方向为"极限环境微生物学"。极限环境微生物学的研究对象，是生存于高温或高压等迥异于我们正常生活环境的条件之下——比如地底深处或高温喷泉地带中的"嗜极生物"（extremophile）。石野教授对这些生物的特征进行分析，以期找出有益的微生物，或发现有用的功能。

石野教授在分析大肠杆菌的 DNA 时，留意到其中包含了某种奇妙的序列，该序列的特征是存在数十个碱基构成的短序列重复多次，这个序列就是 CRISPR。石野教授的研究组在 1987 年发表了一篇论文，其主题与 CRISPR 并无直接关系，但在论文的最后却大胆提到了 CRISPR 的重复序列。要知道，在写论文时，极少会有人记载与主题无关的内容，于是我们询问石野教授，当时为何会特意提及。他回答道，因为他对这个特征序列十分在意。

"实在是很神奇的 DNA 序列，我觉得它一定具有某种特殊意义。"

可惜的是，当时他未能进一步将该序列作为研究对象。我们感慨道："要是再深入研究一下就好了啊。"石野教授坦诚地回答道："确实，我也这么觉得。"

然而就在流露出懊悔表情的下一秒钟，笑容再次回到了他的脸上。"我们现在研究的东西更加了不起。"他开心地继续说道，"是诺贝尔奖级别的哦！"但直到采访结束，他也没有透露到底是什么研究。我们所采访的，是一位深知科研乐趣、经验老道的科学家。

面对我们不着边际的询问，石野教授都尽量给出了细致易懂的解说。从他的话语中，我们真切地感受到了他对科研的热情和深刻的洞察力。

假如石野教授坚持对 CRISPR 进行研究，将会发生什么情况？我相信，他一定能解析出它的功能，甚至触及到 Cas 9 的存在。但在当年那种对于产业应用技术并不热衷的大学氛围之中,能否实现基因组编辑,却仍是未知数。

通往 CRISPR-Cas 9 的重要发现竟是日本科学家做出的！尽管现在万事已成定局,但每当回想起这个事实,我就会对基因组编辑相关的故事产生更深刻的理解。

第三章

CRISPR-Cas 9 浪潮席卷美国

CRISPR-Cas 9 中蕴藏着改变世界的能量。如今，全世界的研究者都热衷于对其进行进一步改良，其中获得了最多成果的，要数前文曾提到过的张锋博士了。正是这位科学家，确认了 CRISPR-Cas 9 对于人类和小鼠同样有效。

"明年可能会获得诺贝尔奖。""哪怕是不认识的研究人员发邮件咨询，他也会慷慨地提供基因组编辑工具。""毫无疑问（他）是位天才，性格坦率毫不做作。"认识他的日本研究者们如是说道。一言以蔽之，他是一位"了不起的好人"，而且还是位仅 30 岁出头的年轻人。

为了会见张锋博士，我们决定前往美国东海岸的波士顿。从波士顿的爱德华·劳伦斯·洛根将军国际机场驱车一小时，来到横穿市中心的查尔斯河南岸，张锋博士的研究中心就位于排列着欧式红砖建筑的老城区附近。

在麻省理工学院（Massachusetts Institute of Technology，MIT）校园背后的一角，耸立着一幢有着大企业总部风貌的高层建筑，玻璃外墙反射着眩目的日光。这就是哈佛大学与 MIT 共同运营的研究场所——博劳德研究所，张锋博士在所里担任主任研究员。

机缘始于电影《侏罗纪公园》

博劳德研究所设立于 2004 年，其目的是进行与医疗和生命科学相关的研究。创立者是参与了人类基因组测序计划的 MIT 怀海德研究所（Whitehead Institute）的埃里克·兰德（Eric Lander）博士。考虑到在封闭研究所内进行的小型项目研究能力有限，为了能进行横跨医学、生物学、化学以及工程学等多个领域的大规模合作研究，他设立了这间研究所。不仅是 MIT，哈佛大学及其名下的多家医院也参与其中。目前，研究所在以基因工程为主的多个领域同时展开了最尖端的研究，以推进疾病的机理解析等工作。张锋博士于 2011 年 1 月加入博劳德研究所，之后逐渐在基因组编辑技术的开发领域取得了世界领先成就。

进入研究所，在前台进行登记后，我们来到了张锋博士位于研究所中间楼层的办公室。房间约 15 平方米大小，位于角落，两面临窗，可以俯瞰波士顿街景。办公室设有宽大的木质书桌和书柜，中间是一组白色的皮质组合沙发，装修风格简洁务实又不失时尚感，感觉更像是创业公司的总裁办公室。在我们正与工作人员交谈时，张锋博士走了进来。

"嗨!"他身穿牛仔裤和黑 T 恤,外搭浅蓝条纹衬衫,脚踩运动鞋,笑容满面地伸出手,和我们的工作人员逐一握手。"好年轻……"张锋博士此时只有 33 岁,比所有工作人员都年轻。

"你们知道我是从什么时候开始对基因操作产生兴趣的吗?"

负责录音的工作人员还在往他的衣领上安装用于采访的微型麦克风,张锋博士就打开了话匣子:"是在爱荷华州读小学的时候,当我在电影欣赏课上看到《侏罗纪公园》时。"他愉快地继续说道。

11 岁时,年少的张锋跟随父母从中国来到美国,在美国中部的爱荷华州长大。赴美之后不久,他就在学校观看了史蒂文·斯皮尔伯格导演的大作《侏罗纪公园》。电影中的一个场景给他留下了深刻的印象——从被封闭在琥珀中的蚊子嘴里提取出恐龙的基因,令其复活。少年张锋被电影里自由操作基因的科学家们的风采所吸引,日后,自己也成长为科学家,并且创造出了进行基因操作效率最高的方法。

"超级工具"诞生之前

2013 年 2 月,张锋博士获得了全球极大关注。他在发表于学术期刊《科学》(Science)的论文中证明,凭借 CRISPR-Cas 9 技术,即使是不熟练的科研人员,也能随心所欲地对人类或小鼠的细胞基因实施精确切断。CRISPR-Cas 9 诞生于 2013 年之前,但获得广泛关注却是因为这篇论文的发表。这篇论文证明了它能应用于人类和动物,因而被全球科学家视作重大突破。因此,也有不少科学家认为,CRISPR-Cas 9是诞生于 2013 年 2 月的新技术。

那么，张锋博士是在什么样的情况下开始研究基因组编辑的呢？他从学生时代开始追本溯源，向我们介绍了他的研究经历。

"我最早对基因组编辑产生兴趣，是在读研究生的时候。当时我所开发的是对动物大脑进行研究的技术，而该研究主题的延伸范围就涵盖了基因组编辑。"

以往，为了研究动物大脑的运作，除了在动物死后对其大脑进行解剖外，还可以采用对动物活体实施电刺激等方法。然而，通过这些方法所能获知的信息十分有限。张锋博士加入了斯坦福大学卡尔·戴瑟罗特（Karl Deisseroth）博士的研究组，探索对活体动物的大脑直接进行研究的新方法。研究组发现，可以用光控制动物脑内的某种特殊细胞群，从而实现在活体状态下对其认知能力和细胞功能进行解析。依据此原理开发出来的，就是被称作"光遗传学"（optogenetics）①的技术。在动物脑内的特定神经细胞群之中，研究者需要直接导入"合成会对光产生反应的蛋白质的基因"。只要能顺利导入该基因，就能通过光照激活光敏蛋白，从而检测出动物大脑是否在运作，甚至进一步控制大脑的运作，因此被认为是划时代的技术。

但是，这项研究需要面对一个无法回避的难题：如何将基因导入神经细胞之中。对此，张锋博士等人给出的答案就是利用基因组编辑

---

① 近年来，有越来越多的研究开始运用光遗传学技术。2016 年 3 月 17 日，学术期刊 *Nature* 在线版刊登了日本理化学研究所的利根川进（脑科学综合研究中心主任）等人的研究，获得了世界瞩目。该研究利用光遗传学，人为恢复了阿尔茨海默病小鼠模型中丧失的记忆，从而解析出了一部分遗忘机制。对于该研究成果，利根川进主任解释道："或许阿尔茨海默病患者的记忆并没有丢失，只是想不起来而已。"研究概要记载于理化学研究所的网站：http://www.riken.jp/pr/press/2016/20160317_1/。——作者注

技术。他们最初认为，当时已经成熟的基因组编辑第一代 ZFN 技术应该能够解决问题，但经过尝试之后发现 ZFN 使用起来非常困难，这才将目光投向了更易于使用的基因组编辑第二代 TALEN 技术和第三代的 CRISPR-Cas 9 技术。

围绕 CRISPR-Cas 9，张锋博士决定对细菌的免疫系统展开研究。如第二章所述，在此之前，詹妮弗·杜德娜博士和埃马纽埃尔·卡彭蒂耶博士等人的研究组已经发现 CRISPR-Cas 9 可以在大肠杆菌中发生作用，准确地切断目标基因。然而，人们尚无法确定对于哺乳动物的基因是否也能实现相同的效果。针对这一点，张锋博士将 CRISPR-Cas 9 注入小鼠和人类的细胞之中反复进行尝试，以找到能令 CRISPR-Cas 9 如预期般发挥作用的设计方案。

结果发现，往"人 293FT 细胞"这一细胞之中同时注入能切断基因的 Cas 9 内切酶，以及 Cas 9 工作所必需的 tracrRNA、pre-crRNA 和 RNase 序列等物质，就能实现基因的精确切断。张锋博士因为这个划时代的研究成果而获得世界瞩目，其论文自从 2013 年 2 月在 *Science* 杂志上发表之后，一直在世界范围内被广泛引用。

如今，在张锋博士的实验室中，每周都会诞生 10 种左右的 CRISPR-Cas 9 新版本。目前实验室正在开发一类技术：将 CRISPR-Cas 9 组合到存在于细胞之中的一种 DNA 分子——质体①之中，再送入细胞内，然后尝试通过改变质体，对起剪刀作用的 Cas 9 进行改良。当然，除此之外，根据接受基因组编辑的动物种类或细胞种类的不同，

---

①　在细菌等生物的细胞中，质体是存在于染色体之外的 DNA 分子的统称。其为环状的双链 DNA，会在细胞分裂期间自行增殖，从亲代传递到子代。——作者注

也必须使用不同版本的 CRISPR-Cas 9。

比如，要想把基因插入肺部或脑部，分别需要不同版本的 CRISPR-Cas 9。又或者需要根据操作类型的不同进行选择。比如，需要同时切断基因中某个 DNA 的两条双螺旋链的情况，与只需要切断其中一条的情况，自然有所区别。

沉睡于冰柜中的"宝物"

张锋博士的研究组大约有 40 名成员，其中半数为亚裔，华裔成员尤其多，可惜并没有日本人。与对脑部的不同研究相呼应，研究所陆续开发出了数量庞大的 CRISPR-Cas 9 的不同版本，以便能对各种不同的生物细胞进行基因组编辑。开发一旦成功，其原始版本就会被存入博劳德研究所的保险库之中。于是我们询问，能否参观这个保险库。

研究助理温斯顿·杨（Winston Yang）带我们参观了这个"无关人员严禁入内"的保险库。杨也是华裔学生，他从哈佛医学院毕业之后，叩开了张锋博士实验室的大门。

"基因组编辑真的很令人振奋。"杨带着愉悦的表情说道，看起来对这里的研究十分感兴趣。我们跟着杨穿过位于实验室内侧的一道狭窄走廊，来到了一间面积颇大的房间门前。

门内并排摆放着十余台大型冰柜，那些就是保险库的本体了。"宝物就沉睡在冰柜之中。"杨一边笑着说道，一边小心翼翼地从白大褂的胸前口袋里掏出一串金属钥匙。这串钥匙由他保管，就算在实验室内,知道这个地方的人寥寥无几。打开冰柜门,里面塞满了长、宽、高均为 10 厘米的装着小试管的箱子。这就是张锋博士所改良的各种版本的 CRISPR-Cas 9。杨从中取出了几支试管,递给我们看。

"这是张锋博士在 2013 年首次针对 CRISPR-Cas 9 发表论文时所提及的版本。"

两根试管的试管盖上分别用油性笔手写了"PX 330"和"PX 335"的字样。这两种 CRISPR-Cas 9 都是张锋博士最早开发出来的版本。至今仍不断有世界各地的研究人员发来申请,希望获得这两种版本的样品用于研究。

其他还有用于同时切断多个基因的版本等的样品,总数量超过 600 种。

"这些 CRISPR-Cas 9,都是研究人员们每周工作超过 80 小时,辛苦制造出来的贵重结晶。所有原始版本都保存在这些冰柜之中。如果有人无意或故意将其带出并遗失,对博劳德研究所而言将会是重大的损失。"

杨锁上保险库的大门,严肃地强调这一点。

治疗癌症的希望

不断开发出 CRISPR-Cas 9 新版本的张锋博士,曾被美国的某个媒体称作"将科幻变为科学现实的男人"。还有别的媒体将其比作希腊神话中具有点石成金魔力的弥达斯国王,称其为"基因编辑领域的弥达斯"。

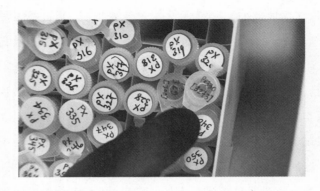

■ 杨所指的就是"PX 330"，中间略偏左的是"PX 335"

然而，他的研究领域并非仅限于开发基因组编辑工具，他的老本行是对疾病原因的探索和新药的开发。除了原本就在进行的对脑部基因功能的探索之外，他还花大力气解析癌症治疗药物的耐药性产生的机理。为了达成这一宏大的目标，张锋博士正在不断探索着基因组编辑工具的运用极限。

"我认为，在了解癌症的复杂性及其机理方面，CRISPR-Cas 9 一定能够作为异常强大的工具发挥作用。比如，癌细胞是如何对药物产生耐受性的，是否受到哪些基因的影响？又比如，是哪些基因令其产生了感受性（药物的有效性）？也有研究是为了推导出癌细胞的转移受到哪些基因的影响。"

张锋博士介绍道，多亏如今能够逐一观察每个基因，对基因组进行系统性的研究，才得以了解癌细胞为了免受药物影响，都有可能耍些什么"花招"。他还预测，将来很可能会诞生一种非常全面的癌症疗法。

"我们的研究虽然还只是刚刚起步，但却是以完成新疗法的开发为目标的。预计在两年内……最多不超过十年，我们就可以彻底将改变癌症疗法的数据收集完整，然后据此整理出能够成为治疗皮肤癌、肺癌和肝癌等各种癌症的新药开发基础的信息。"

为了加快医疗领域的研究进程，张锋博士于 2013 年创立了利用基因组编辑进行新药开发的创业公司——Editas Medicine，阐明了 CRISPR-Cas 9 体系的詹妮弗·杜德娜博士亦名列联合创始人的名单之中。

"CRISPR-Cas 9 正从根本上改变着研究与开发的方式，我想，它的影响将在日后渐露端倪。而在药物开发领域，验证新药有效性的方法已经开始受到它的影响。"

预计的采访时间即将结束，在我们告辞之前，张锋博士激动地针对基因组编辑的潜力发表了一番看法：

"在我看来，CRISPR-Cas 9 已经对生物学研究领域造成了巨大的冲击。这就是所谓的'足以改变世界'。等到十年后再回顾'CRISPR-Cas 9 给世界带来了怎样的影响'这一问题，人们将会发现，这项技术已被应用于生物学研究的各个领域。如今，它正掀起一场革命，这条创新的道路永无止境。"

网络上的基因组编辑

前文已经反复言及，世界各地的科学家们都已接受了基因组编辑——尤其是 CRISPR-Cas 9——所带来的巨大冲击，并帮助其迅速传播。不过，CRISPR-Cas 9 的普及还有一项助力不可或缺，那就是某个网站体系的建立，使得全球任何地方的任何科研人员，只要有电脑或手机，就能通过几次简单的点击，预订所需的 CRISPR-Cas 9 版本。在之后的几天时间内，商品就会送货上门，然后科研人员只需要自行将其与想要切断的基因的向导 RNA 进行组合即可。甚至就连最后这一步也可以订购，类似于在亚马逊网站上网购。这个网站的名字叫作 Addgene，作为美国非营利组织（Non-Profit Organization，NPO）来运营。我们在结束了对张锋博士的采访之后，就在住宿的酒店内通过电脑进行了一次订购的尝试。

打开 Addgene 的页面，顶部出现了"如何订购"（How to Order）的条目，点击后会出现"下单说明"（Ordering Instructions）。打开该页面，就能看到在 Addgene 进行购买的说明书。

订单原则上只能通过在线网络完成，注明了不接受电话或传真订单。因此，要购买 CRISPR-Cas 9，必须先填写个人信息进行注册。从账号注册到下单的所有步骤都有简明易懂的动画说明，遵循动画指示，我们立刻开始进行账号注册。

首先点击"注册"（Register），步骤 1 是"选择国家"（Select Your Country）。选择"日本"（Japan）点击确认，进入步骤 2"选择单位类型"（Select Your Organization Type），这一步只提供了两个选项："研究机关／非营利组织"（Academic／Non-Profit）或"企业"（Industrial）。选择"研究机关"点击确认，会跳出众多日本大学的名称，然后在步骤 3 中选择自己所属的学校名称，点击确定，这里因为会跳出所选大学的各学院名称列表，所以只要选择自己所在的大学分院点击即可。选择之后，竟然还会进一步列出任职于该学院的教授、副教授姓名，在其中找

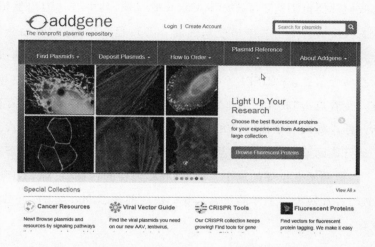

■ Addgene 的网站首页。画面上方的中间就是"How to Order"
（http：//www. addgene. org/）

到自己的指导老师的名字并点击（步骤 4）。到了这一步，就会显示用
于输入自己的名字、邮箱和电话号码的页面了（步骤 5）。

　　另外，在步骤 2 的"选择单位类型"中如果选择"企业"，则会跳出
安斯泰来制药（Astellas Pharma）、宝生物工程（Takara Bio）等日本制
药公司或与生物科技相关的公司名称。在其中任选其一，也会进一步
显示研究人员的姓名列表。

　　根据动画教程，账号注册成功之后，就可以进入下单页面，只要再
次选择所需的 CRISPR-Cas 9 种类，就能完成订购。大家将这个页面
称为"目录"（catalog）。也有人可能出现想要订购，但不清楚哪个版本
的 CRISPR-Cas 9 最适合自己研究的情况，所以网站还提供了通过邮
箱和电话进行咨询的服务。

我们顺便也浏览了 CRISPR-Cas 9 的目录，其中有基因组编辑工具的人气排行。点击其中最受欢迎的 No. 1，显示出的是"商品介绍"页面，其中给出了该 CRISPR-Cas 9 的详细结构图以及制造它的研究者的姓名等信息。CRISPR-Cas 9 的价格一律为 65 美元[①]。价格相当便宜。接着点击"放入购物车"（Add to Cart）按钮，真的就和在亚马逊购物一样。如此一来任何研究人员都能简单地购买了。

运营该网站的 Addgene 到底是个什么样的组织呢？将 CRISPR-Cas 9 扩散到了全世界的这个系统，到底是怎样的存在，它对 CRISPR-Cas 9 的普及做出了怎样的贡献？我们决定前往 Addgene 的办公地一探究竟。

4 万种基因组编辑工具

Addgene 距离张锋博士实验室所在的博劳德研究所，步行约 15 分钟。博劳德研究所位于 MIT 主校区背后，其周边星罗密布着在顶尖基因研究领域引领世界的怀海德研究所，以及世界领先的制药公司等，有种"生物研究一条街"的感觉。而在这些高楼大厦之间，则点缀着一家家小型生物创业公司，Addgene 就位于其中一幢小楼之中。

迎接我们的是一位穿着鲜艳的黄绿色夹克的女士——乔安娜·卡门斯（Joanne Kamens），她是负责 Addgene 运营的一把手，作为在制药公司有着超过 25 年工作经验的生物技术专业人士，她正在把从研究中获得的经验灵活运用到 Addgene 公司之中。卡门斯女士爽快

---

① 按照 1 美元≈7 元人民币换算，约为 455 元＋运费。——作者注

地答应了我们突然的采访请求。

"我们是看到了主页上公布的 CRISPR-Cas 9 目录才来的。"听闻此言,卡门斯女士带我们穿过宽敞的办公大厅,来到了楼层深处。

"你们想参观的应该就是这里了。"

这个房间里摆放着数十台巨大的冰柜。虽然博劳德研究所也有冰柜,但和这里的规模相差甚远。总之,这里的地盘非常大、冰柜非常多。一定要形容的话,就是充满"商业化"的气息。许多工作人员静静地工作着,全体身着黑色 T 恤。仔细一看,T 恤后背印着 Addgene 的商标,应该是工作制服了。

来往于冰柜和办公桌之间的工作人员都是一路小跑,他们猛地冲到冰柜前,从中取出些什么,然后迅速关上门,再次冲回办公桌。为什么会如此急迫? 见到我们迷惑的样子,卡门斯女士进行了解说:

"他们正在做的是从冰柜中取出样品,将一部分转移到其他容器中的工作。冰柜中的温度是零下 80 度,为了尽量缩短样品从中取出然后放回所需的时间,工作人员都是跑的。"

保存于零下 80 度冰柜中的物品,就是各种版本的 CRISPR-Cas 9。

为了方便我们拍摄,卡门斯女士特意把冰柜敞开了一两分钟。巨大的柜门中,一个个小箱子整齐地摆放着。每个箱子中大约存放了100 支小号塑料试管,看起来和张锋博士那里的"CRISPR-Cas 9 宝库"十分相似,不同之处在于其数量之多。

每一支小试管上都嵌入了一个条形码,用于标识其内容物以及应当存放于哪个冰柜的哪个箱子里。

研究者的宣传和流通平台

当我们提及刚对张锋博士进行过采访,卡门斯女士就把我们带到了一个冰柜前,介绍道:"这些试管里装的全都是能切断人类基因的CRISPR-Cas 9,都是张锋博士制作并寄存于此的。"

这里寄存的CRISPR-Cas 9超过100种。据介绍,寄存于Addgene的CRISPR-Cas 9等基因编辑工具,都来自于世界各地的研究者。自从张锋博士在2013年发表了关于CRISPR-Cas 9的论文以来,各种改良版层出不穷,全球的研究人员竞相开发出新的版本。每当他们制造出了新版本,就会将其撰写成论文向学术期刊投稿,同时将样品寄存到Addgene中。

对于科研人员而言,进行寄存有着诸多益处。自己所开发的CRISPR-Cas 9新版本,能够通过网站系统对遍及世界各地的销售渠道加以利用。日本也有研究者开发出CRISPR-Cas 9的新版本,并将其寄存于此。

"我们的机制是,只要登录网站,就能方便且廉价地获得世界各地研究者每天陆续开发出的CRISPR-Cas 9的各种新版本。"

通过网络下订单确实是很便捷的方法,而且价格只有生物技术公司贩卖的产品定价的百分之一,非常便宜。不过这个网站有个限制,就是只接受以学术研究为目的的订单。听到这里,我们想起来之前在尝试注册账号的时候,也是因为必须选择自己所在的研究机构和指导老师,所以不得不放弃了。这可能是通过注册系统进行限制。我们询问了卡门斯女士,获得了肯定的答复。

■ 卡门斯女士特意打开冰柜给我们看,里面是大量存放
了基因组编辑工具的试管。

　　只有以研究为目的的情况下,购买者才能获得超低价格,这一条
款是写在 Addgene 的章程之中的,因为它本身就是一家非营利组织。
正是因为存在这样的约束,所以世界各地的研究人员才愿意将自己的
研发成果寄存在这里。

　　那么,如果想用于商业目的,应该怎么办呢?

　　"那种情况的话,可以联系开发出某种 CRISPR-Cas 9 的研究者或
研究机构,直接通过正规商业途径向他们购买。"

　　通过 Addgene 网站登记的研究者通讯录,就能联系到研究者,确
认权利分配和正规价格条款,最终完成购买手续,也可以通过
CRISPR-Cas 9 的商业代理公司入手。无论通过哪种途径,它的价格
都会一下子提高 100 倍以上。也就是说,Addgene 的系统其实相当于
一个"试用"体系,把易于使用的 CRISPR-Cas 9 等基因组编辑工具以
超低价格向全世界推广。对于寄存的研究者来说,这里也相当于一个

宣传和流通自己所开发的产品的平台。

媲美亚马逊的配送系统

在 Addgene 创立之前，生物科技行业中并不存在这样的商业模式。如果想要使用获得了专利权的细胞或基因，只能直接向权利人——也就是研究者或研究机构——咨询和交涉，耗费大量的手续和费用才能最终获得。哪怕只是"想在研究中稍作尝试"，购买壁垒也相当高。而 Addgene 的诞生，将这种尝试的门槛降低到了能以"任何人都试得起的价格"入手。想出这一商业模式的，是 Addgene 的三位联合创始人：Kenneth Fan 博士、Melina Fan 博士和 Benjie Chen 博士。三人都是 30 多岁的美籍华人。

Benjie Chen 博士原本是 MIT 的博士研究员，为了简化原本极端复杂的基因相关产品的购买流程，他创业成立了 Addgene，从全世界收集并保管最新的基因组编辑工具，接受订单，即刻派送到世界各地——建立起了一套亚马逊购物网站式的体系。

Addgene 引以为傲的另一点，就是其高效的派送系统，所以我们也去参观了它的工作车间。在接到订单之后，被分装到小试管中的商品会在当天的某个时段装入纸箱中，发往世界各地。这些纸箱也全都通过条形码进行管理，世界上的哪个研究者购买了哪种商品，全都有迹可循。穿着黑 T 恤的工作人员读取 CRISPR-Cas 9 试管上的条形码，然后将其装入堆成小山的纸箱中，逐一包装。

Addgene 平均每天能接收到 200 个来自世界各地的订单，然后向世界的 38 个国家和地区输出商品。

基因组编辑非常简单——操作只需 2 分钟

我们又前往 Addgene 附近的研究场所，对从 Addgene 购买并使用 CRISPR-Cas 9 的研究人员进行了采访。一位女性研究者正坐在细胞培养装置前，对人类细胞——来源于子宫颈癌、名为海拉细胞（Hela Cells）的细胞系——进行基因组编辑。我们到访时，她正用大号移液器将 CRISPR-Cas 9 撒到置于培养液中的细胞上。

"基因组编辑其实并非什么很夸张的技术。只要把 CRISPR-Cas 9 的溶液撒到细胞上，然后将细胞置于 37 摄氏度恒温的培养箱（细胞培养装置）中，经过 48～72 小时，也就是两到三天的时间，细胞中被瞄准的基因就被切断了。"

实际的操作步骤包括：（1）在 Addgene 网站订购 CRISPR-Cas 9 的质体；（2）针对目标 DNA 的碱基序列，制备能与其特异性结合的向导 RNA；（3）将步骤（2）中制得的向导 RNA 组合到步骤（1）购得的质体中，然后撒到想要进行基因组编辑的细胞上。仅此而已。有一种说法是，只要能在 Addgene 买到 CRISPR-Cas 9，就已经完成了基因组编辑的九成工作。最后，据说只要等待 12 小时，就能确认目标基因是否已被切断。

我们对这名研究者进行基因组编辑的工作过程进行了录像。包括准备工作在内，她仅仅用了不到 2 分钟。摄像师差点以为自己没拍到，吓了一跳。把装有进行过基因组编辑的细胞的培养皿放入培养箱，整个操作就完成了。研究者对我们说道：

"如各位所见，非常简单对吧。正是这份简单，才令人振奋啊。"

令人振奋——来到美国采访之后，我们已经不知道第几次听见这个词语了。无论对什么生物的什么基因，都能进行自由编辑，这样的技术对研究者而言，确实当得上"振奋"二字。

Addgene 在日本也有代理商

Addgene 建立起了媲美亚马逊的系统商业模式，但其贩卖并不仅限于网络渠道，它在亚洲的多个国家选择了代理商，在日本也有。基因组编辑的工具在进口时会被当作基因重组（转基因）相关商品，需要办理烦琐的手续，因此，通过代理店购买能节省办理手续的时间，并且与通过英文网站购买相比更为简单，某些情况下能更快速地获得CRISPR-Cas 9。成为 Addgene 日本代理商的是住商医药国际有限公司（Summit Pharma International Corporation）。我们造访了这家公司位于东京中央区晴海的办公室。

该公司原本的经营项目就是医药用品和食品等的进出口销售，以及作为新药开发支持工具的动植物和微生物细胞进口销售业务。承担从 Addgene 进口并代理贩卖 CRISPR-Cas 9 业务的是其药物研发部。

在过去的 30 余年中，该公司一直是世界最大的生物资源中心、美国模式培养物集存库（American Type Culture Collection，ATCC）在日本的代理商。1925 年成立的 ATCC 保存着 3400 多种细胞系、

72000 多种酵母或霉菌等微生物菌种以及约 800 万种基因,被全球生物研究人员广为利用,并被形象地称作"生物银行"。与如此规模的 ATCC 建立了合作关系,住商医药国际有限公司自然因其业绩而获得了 Addgene 的青睐,Addgene 于数年前就向它伸出了橄榄枝。住商医药总部新药研发支持组的乙黑敬生先生认为,创造出了包括普及 CRISPR-Cas 9 在内的"基因组编辑商务"这一正处于高速扩张期的市场的,毫无疑问正是 Addgene。

"以往,无论对基因还是细胞,人们的常识是研究人员或企业绝不会将专利开放授权。因此,除了直接与拥有专利权的研究者或企业交涉之外,没有其他获取途径,也绝不存在'先要一丁点儿试用一下'的可能性。"

总之先试试看,觉得不错再与权利人进行交涉——Addgene 建立的就是这样一套体系。乙黑先生认为,该体系使得基因组编辑技术能以前所未有的速度传播到全球研究者群体中,大家竞相进行改良,让开发竞争的速度和密度都获得飞跃性的提升。这其中,Addgene 起到的作用不可小觑。

乙黑先生还进一步指出,基因组编辑的商业化运作程度目前正在迅速扩大。基因组编辑技术已被引入包括畜牧业、农业乃至医疗在内的众多领域。"将基因组编辑应用于实践已不再是对于将来的展望,而是此刻已在我们身边萌芽的事实。"

想要看清基因组编辑实用化的道路将会怎样演进,就必须先弄明白这一技术在研究开发的最前沿到底发生了什么。在未来,我们每天吃的食物、在医院接受的治疗、日常生活的一点一滴,都会因基因组编辑这一技术的参与而变得与现在截然不同。

　　创造出了比普通真鲷大 1.5 倍的新品种的京都大学木下政人助教、大大提高了 CRISPR-Cas 9 这一划时代技术的效果的张锋博士，他们都认为基因组编辑是能够改变世界的技术。随着采访的深入，我们对这句话的理解也渐渐带上了现实色彩。

第四章

蓬勃发展的基因组品种改良

　　在美国，有一位研究者正尝试利用基因组编辑创造新的牛种。2014 年 11 月，我们前往美国南部的得克萨斯州的某个牧场，采访了这种牛的来龙去脉。

　　如今提起得克萨斯州，给人的印象大概是石油工业和航天产业发达。但这片土地昔日却曾经因牧牛而繁荣，一片片牧场延绵不绝，周围是一望无际的大草原。我们的目的地就位于草原的一角。

　　我们乘坐的车辆穿过一道道大门，停在了一位身材高大的中年男子身旁，这位应该就是牧场的主人了。"欢迎来到再生科学中心！"这位笑容爽朗的男子正是对牛进行了基因组编辑的查尔斯·朗（Charles Long）博士本人，他在得克萨斯 A&M 大学（Texas A&M University）从事研究工作。

　　朗博士把我们带到了位于牧场深处的牛舍之中。牛舍里养着一头高大的白色牛只,它的背部耸立着一个驼峰,显得有些与众不同。

"这还是第一次在电视里介绍这头牛呢,也算是它的电视首秀吧!"朗博士开玩笑说。

这头牛属于名为内络尔(Nellore)的肉牛品种,拥有较强的对抗炎热和病害的能力。该品种首先在南美洲饲养,后来范围逐渐拓展至全世界。

"如果是原产地在欧洲的安格斯牛(Angus)或海福特牛(Hereford)这些牛种,在酷暑环境下就很容易发生死亡。但内络尔牛这个品种却依然能存活。"

颠覆了畜牧业常识的牛

然而,内络尔牛也有一个重大缺陷,那就是作为肉牛,它的产肉量并不高。为此,朗博士等人决定对这个牛种进行基因组编辑。于是,他们注意到了某个基因——它在鱼类等动物体内都存在,作用是调节肌肉的成长,也就是肌抑素。我们在第一章也已介绍了通过抑制肌抑素的功能而制造出产肉量高的真鲷的尝试。只要令这一基因停止运作,就能增加肌肉含量。

朗博士等人在牛只出生前的受精卵阶段就对其进行基因组编辑,切断了肌抑素基因,使其停止工作。通过找出肌抑素基因发生了天然变异(突变)的牛只,令其重复交配以实现品种改良的方式,人们已经培育出了名为比利时蓝牛(Belgian Blue)的品种(原产地在比利时)。该品种具有高于普通牛只的肌肉含量,已作为食用肉类进入市场交易。另外，在美国还针对名为美国蓝牛（American Blue）的肉牛进行过一项研究，从动物体外导入某种人工基因以抑制肌抑素的功能。这可以被归结为一种叫作"基因兴奋剂"（gene doping）的技术，依靠该技术可以制造出肌肉发达的肉牛。然而，基因兴奋剂技术归根到底只能局部增加肌肉含量。朗博士等人希望制造的是一种从出生开始全身所有肌肉就全都不受肌抑素控制的牛种。

为了增加产肉量而接受了基因组编辑的内络尔牛（右）

他们的研究成果是，培育而成的牛比普通的牛整整大了一圈。我们参观的时候，这头牛出生刚满 18 个月，体重已经大约有 1800 磅，也就是 816 千克左右。朗博士介绍说，以其月龄而言，这样的体型已是相当大了。和普通的内络尔牛相比，其肌肉含量以腰围为中心，足足翻了一倍。

"这种牛拥有无与伦比的潜力。你们可以想象一下，如果把经过我们这种基因组编辑的牛放到世界各地的牧场饲养，将会是多么激动人心的场景啊。仅仅只对一个基因进行雕琢，就能带来颠覆整个畜牧业常识的革命性的改变。"

朗博士告诉我们，接下来的计划是通过繁殖，增加这头牛的后代数量，然后向亚洲或非洲等正遭受灾荒之苦的热带地区销售。并且不光是对内络尔牛，他们还计划在将来对日本和牛等品种也进行相同的尝试。

这头牛与和它同时诞生的双胞胎雌牛，一起被饲养在辽阔的牧场之中。这里牧草繁茂，饲养环境十分优越，在我们看来，它简直受到了王子一般的精心对待。或许正因为如此，这头牛的表情显得非常沉稳，而且就像宠物一般习惯与人亲近。朗博士在拍摄期间曾在它的耳边喃喃道：

"你可是全世界独一无二的牛啊，伙计！"

朗博士等人的研究项目是与一家擅长进行基因组编辑的创业公司合作开展的。我们打听到，这家公司同时也在对其他各种家畜进行基因组编辑，并作为意图改变未来畜牧产业的核心参与者而备受瞩目。那么，基因组编辑将如何实现在商业上的运用？我们打算前往这家企业进行探访。

从研究者到创业公司的 CEO

重组股份有限公司（Recombinetics，Inc.）位于美国北部与加拿大接壤的明尼苏达州。一位西装革履、身材标准的男士站在门口迎接我们的到来，他就是该公司 CEO（首席执行官），在明尼苏达大学（University of Minnesota）摘得博士学位，并曾担任该校动物科学系副教授的斯科特·法伦克鲁格（Scott Fahrenkrug）先生。除此之外，他还曾作为分子遗传学家，在美国农业部的肉食动物研究中心工作过。

法伦克鲁格先生亲自带我们参观了公司。这里的景象与位于波士顿的博劳德研究所以及非营利组织 Addgene 都差不多。在显微镜、培养皿和试管的环绕之中，身着白大褂的研究人员们正安静地进行着操作。只不过，这里所创造的东西与我们之前采访的研究所有着根本性的不同——在这里，通过对各种动物的受精卵进行基因组编辑，正在创造出前所未有的家畜。

法伦克鲁格先生多年来一直在进行家畜遗传学领域的研究。数年前基因组编辑技术刚出现之时，他尚在明尼苏达大学执教。2013年，他以该项技术的出现为契机，成立了这家公司。

"当我知晓基因组编辑的存在之时，实在是过于兴奋，立刻便从大学辞去了教职。因为我希望凭借自己的双手，把这项技术及其潜力传播至全世界——我将它视作自己的使命。对于基因组编辑技术，我坚信它能进一步促进家畜的品种改良工作，至今为止，这一工作都被视为畜牧领域的终极目标。"

无角之牛，抗病的猪

他们所创造出的动物，都是对畜牧产业而言"有益"的家畜。我们在得克萨斯州见到的那头壮硕的牛，可以说就是这家公司合作参与开发出的第一项产品。

"世界上还有 10 亿人口正陷于饥荒和营养失调的境地。根据计算，地球上的总人口今后还将增加 30 亿人左右，基因组编辑则给人类解决食物来源问题提供了一个全新的选项。我们必须从数量有限的动物之中，获得尽可能多的食物。到 2050 年，全球食物的产出至少得翻倍才能满足需求。如果能对一半的动物实施品种改良，就将产生惊人的效果。"

在前往公司实验室的路上，我们留意到走廊的宣传栏里贴满了家畜的相关照片和论文节选。法伦克鲁格先生应我们的请求，对它们进行了解说。

猪的照片——"这是一种对疾病，特别是对发烧的耐性极强的猪，目前尚在开发之中。"

牛的照片——"我们想创造出一种甲烷气体的排出量较少，也就是几乎不打嗝的牛。甲烷气体是导致全球变暖的罪魁祸首之一，我们希望通过对家畜进行基因组编辑，缓解人类面对的这一难题。"

法伦克鲁格先生进一步向我们介绍了公司目前正在着力开发的牛——一种"不长角的奶牛"。奶牛本来都是长角的。但其实对奶农而言，角是个令人头疼的问题。牛在长出牛角后很容易因为相互角斗而受伤，人类在进行采奶作业时也有因此而受伤的风险。为此，每隔一段时间，奶农都会将牛角割掉。但在美国，仍然时有奶农在割角作业中不幸丧生的案件发生。对牛而言，被割掉角也会感到十分痛苦。如果无须进行割角的工作，那么对奶农而言，可以节省大量劳动和成本，对牛而言也会感到愉快——"无角牛"的想法就是因此而诞生的。

不过，这个想法并非这家公司首创。迄今为止，全世界已有不少科学家在研究是否存在某个基因可用于创造"无角牛"。在几年前,德国的某个研究组通过对肉牛中自然诞生的"无角牛"进行分析,解析出了"无角"性状与哪个基因相关。如果采用以往的品种改良手段,应该是要让奶牛与不长角的肉牛进行"杂交"。但交配的结果,却存在着可能令两者各自拥有的性状——也就是奶牛的"能产出优质牛奶"以及肉牛的"能产出优质牛肉"的特征——同时丧失的风险。

不仅如此,从让肉牛和奶牛杂交,直到其子孙重新获得产奶能力为止,预计至少需要 15 年。因此,想通过这种方法实施品种改良程序,恐怕并不现实。

对此,法伦克鲁格先生考虑利用基因组编辑技术,单单将"长不出角"这一基因进行定点精确融合。这样,不就能够在维持"优秀奶牛特征"的同时,引入"不长角的肉牛基因",在短时间内创造出"不长角的奶牛"了吗?

具体实施方法如下:提取出有角的奶牛细胞,通过基因组编辑技术,将"长角"的基因切断,使其丧失功能。然后再通过基因组编辑技术,在切断"长角"基因的同时引入从肉牛中提取出的"长不出角"这一基因。最后,只需要将该细胞的细胞核移植到去除了细胞核的受精卵之中,就能孕育出"不长角的奶牛"。

法伦克鲁格先生告诉我们,按照计划,再过不久就会有第一头"不长角的奶牛"诞生了(2016 年 5 月,法伦克鲁格先生的研究组在学术期刊《自然生物技术》(*Nature Biotechnology*)在线版上公开了"无角奶牛"诞生的消息),目前公司已经开始与投资者进行商业谈判,这标志着一个重大商机的出现。

不是"科学怪牛"

好想给"不长角的奶牛"拍张照！我们向法伦克鲁格先生请求拍照许可,却被他断然拒绝。这是顾虑到美国的消费者而做出的决定。在美国,已经有一部分新闻媒体将"无角牛"当作"科学怪牛"而大加批判,所以,在消费者还无法彻底理解其意义的现阶段,法伦克鲁格先生担心照片会导致人们产生先入为主的负面印象。

"我个人对于普通市民的认知和理解特别敏感。我们有义务向他们传达正确的信息,帮助他们理解,但这需要经过很长的时间才能实现。因此,我们现在正与全世界的食品管理机构进行协商,以确保向普通民众传达正确的信息。我们希望能让更多的人理解,基因组编辑与以往同样获得万众瞩目的其他技术并不是一回事。这项技术并非随机地对基因进行重组,而是能对基因进行精准编辑,所以并不会导致基因的无规律突变。"

基因组编辑与其他的品种改良技术完全不是一回事。它是一种"信息技术"。根据法伦克鲁格先生的主张,通过这项技术所诞生的物种,不应当被归到基因重组生物(转基因生物)这个类别中去。

"对于这项技术,我们最害怕的就是传递给大众的信息太过片面,从而导致人们直觉性地拒绝接受。而这种拒绝很可能导致世界很多急需此项技术的人,享受到这份恩泽的时间被迫延迟。"

在接受过我们的采访之后,法伦克鲁格先生便要立刻出发前往乌干达和肯尼亚进行商务会谈,他的终极目标是解决全球性的食物来源短缺问题。他最后补充道：

"与 20 世纪 80 年代相比，当今世界已经变得全然不同。DNA 再也不像以往那样神秘莫测，基因组编辑这一震惊世界的技术的出现，令我们意识到了它的发展潜力。只要一想到这项技术已不再只是科幻世界中的虚构，我就会感到兴奋不已。"

发芽的土豆有毒哦

在日本国内，研究人员同样正在食物领域推广基因组编辑技术的应用。在第一章中，我们已经介绍了针对真鲷的研究，那么在本章里，我们再来谈谈同样属于食材的植物。目前，日本已经出现了接受过基因组编辑的农作物，土豆就是其中之一。

这一项目的研究组由大阪大学研究生院工程研究科的村中俊哉教授所领导。说起土豆，大家都会觉得它的产量已经足够高，口味并没有什么不好，烹饪方法多种多样，用途也广泛，还有什么可供改良的余地呢？

2014 年 10 月，我们来到了大阪大学工程系所在的吹田校区。这片校区占地面积广，且有可供车辆通行的马路直达校内。从 JR 京都浅茨木站出发，我们来到大学最深处接近千门里的地方，村中教授的实验室就位于此处。

进入实验室，眼前摆满了研究用的桌椅和实验设备，充分展现着"实验室"的氛围。穿过通道来到里面的房间，村中教授正在等着我们。面积不大的房间被助理办公桌、会议桌以及一块白板塞得满满当当。待我们做完采访的准备工作，村中教授便立即用白板展开了说明。

村中教授等人所进行的研究，是为了开发出不会产生茄碱（solanine）或卡茄碱（chaconine）这类物质的土豆。茄碱和卡茄碱都是土豆中所含有的天然毒素。我们在烹饪土豆时，一般都必须先挖掉发芽的部分再吃，就是为了除掉其中的茄碱和卡茄碱。

茄碱和卡茄碱大部分都富集在土豆发芽部位的绿色区域中。万一不小心吃下了含有过多茄碱或卡茄碱的土豆，就会产生上吐下泻、肚子痛或头痛等各种症状。这些症状快则在食用后的几分钟内立刻出现，慢则在几天后才出现。严重的话，如果摄入过多，还有可能危及生命。根据日本农林水产省官方网站所公布的数据，由于茄碱和卡茄碱而造成的食物中毒每年都会发生，且其中大多数发生在小学生的烹饪实践课程之中。

"我们在超市购买到的土豆都是安全的。因为在仓储过程中为了避免发芽，一律实施避光低温保存，所以基本不会有问题。但这种方法相应地增加了仓储成本。另一个例子就是薯片，它的生产过程中需要雇很多人摘除土豆芽，耗费大量人力物力。还有，如果自己在家里或学校里种土豆，也有可能中毒。通过基因组编辑制造出本身无毒的土豆，就能彻底消除这个隐患了。"

利用"感染",从土豆中排除毒素

此前,村中教授一直与理化学研究所的研究组合作,对土豆的代谢过程进行研究。在此期间,他们发现了"SSR 2"这一基因,它与茄碱和卡茄碱的生成有关。如果阻断这一基因的运作,土豆是不是就不会产生茄碱和卡茄碱了呢?想到这里,村中教授决定采用基因组编辑技术。

然而,这一思路从最开始就遇到了问题。通常而言,植物细胞的表面都被一种叫作"细胞壁"的坚固壁垒所包围,从而对细胞本体起到保护作用。因此,对于植物细胞,研究者就无法像对待细胞周围只覆盖着柔软的细胞膜的动物细胞那样,仅需从外部注入 TALEN 或CRISPR-Cas 9,便可立即完成基因组编辑。对动物和植物进行基因组编辑,过程是截然不同的(这在第二章中进行过详述)。

对此,村中教授所想出的解决方案是,首先利用能"感染"植物的细菌,在植物细胞的内部制造出进行基因组编辑所必需的 TALEN。接下来,我就对这种方法进行具体说明。

此处所使用的是在第二章中已经介绍过的"农杆菌"这种土壤细菌。该细菌在感染植物之后,会将自身基因的一部分融合到受感染植物的细胞基因组中去,以合成自身生存必需的营养成分。村中教授想利用的就是细菌的这种性质。

首先,向这种细菌的 DNA 中融合"生成能阻断 SSR 2 运作的TALEN 的基因"。然后把土豆仔细地切成碎块,放入施加了植物激

85

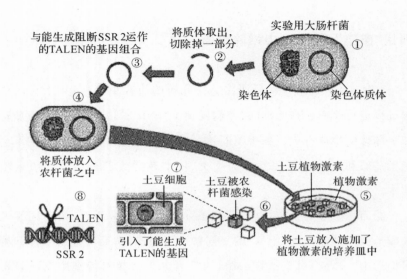

与能生成阻断SSR 2运作
的TALEN的基因组合
③

将质体取出，
切除掉一部分
②

实验用大肠杆菌
①

染色体　　　染色体质体

④

将质体放入
农杆菌之中

⑧

TALEN

SSR 2

⑦
土豆细胞

土豆被农
杆菌感染
⑥

引入了能生成
TALEN的基因

土豆植物激素
植物激素
⑤

将土豆放入施加了
植物激素的培养皿中

■ 对土豆进行基因组编辑的方法

素的培养皿中，并把细菌也加入其中。如此一来，这些细菌就会感染土豆，其中的一部分会向土豆的基因中引入 TALEN 的基因。细菌起到了将 TALEN 基因送入到土豆基因组中去的搬运工（载体）的作用。被引入的 TALEN 基因会在土豆细胞的内部进行 TALEN 的制造工作，然后制造出的 TALEN 再将目标基因破坏掉。

但是，如果 TALEN 未能正确地将所瞄准的位点——也就是SSR 2所在的部分破坏掉，就无法阻断目标基因的运作。研究组对实验结果进行确认后发现，在感染了细菌的土豆之中，有一成左右完成了基因组编辑的过程。

将被切成碎块的土豆浸没到植物激素中，土豆会发出被称作"不定芽"的嫩芽。等嫩芽长大，就可以转移到不含植物激素的培养基中继续栽培,最后把它们移植到土壤里,就能发育成土豆。如此,研究人员就能收获不会分泌茄碱和卡茄碱的"无毒土豆"了。毒素含量的检测结果显示,这些土豆的茄碱和卡茄碱都被控制在了原本含量的 1/10 左右。在这个剂量下,即使不逐一挖除芽块,人类直接食用也不会引起身体不适。

基因重组农作物不得不面对的壁垒

一位研究人员向我们展示了经过基因组编辑的土豆。读者应该可以想见,无毒土豆与有毒的土豆在外观上没有任何区别,看上去十分普通。

"其实,用这种方法制造出来的依然应该算是基因重组(转基因)食品。今后如果能找到先去除细胞壁、再进行基因组编辑的方法,或许会更好。"

按照现在的方法,研究人员不单单只破坏了毒素基因,而且还在土豆的基因中融入了 TALEN 的基因。如此一来,这种土豆就变成了基因重组食品。

村中教授强调,就算按照现在的方法对土豆进行基因组编辑,也无需担心大肠杆菌以及农杆菌这种土壤细菌会对人体造成感染;即便是融合有 TALEN 基因的土豆,与普通土豆也并没有任何不同。然而消费者之中却不乏对基因重组食品有抵触心理的人。就基因组编辑技术而言,类似土豆这样的案例,只要引入了别的基因,它就跟基因重组的食品没什么区别,所以在市场上是否能为消费者所接受,还是未知数。村中教授正是预料到了此种情况，才认为必须另外开发一种不使用基因重组技术而对土豆进行基因组编辑的方法。

为了解决这个难题，韩国已经有人发表了论文，介绍了先去除细胞壁再进行基因组编辑的方法，用以解决上述难题。使用这个方法的话，就无须担心制造 TALEN 的基因会混入土豆的基因组中，同样也能进行基因组编辑。另外，还可以通过名为"回交"的方法（参阅第二章）——也就是将其与未经基因重组的个体进行杂交，培育出将制造TALEN 的基因排除掉的子代土豆。村中教授表示，他很期待通过对这些方法的研究，逐步探索出一条更容易为市场所接受的道路。

而村中教授最终的愿望，则是能让基因重组的农作物获得全社会的接纳。因为通过融入新基因来进行品种改良这一方法，具有巨大的发展潜力。

除了抑制 SSR 2 的功能之外，村中教授还进一步向我们介绍了另一种可以制造出"无毒土豆"的方法：在进行基因组编辑时，将别的基因作为目标，也是可以起到消除毒素的作用的。而且该方法还有一个优点，据说被抑制了该基因功能的土豆，能对阿尔茨海默病起到额外的治疗效果。如果这一优点获得了验证，其结果将会是划时代的。通过给农作物添加新的特性以提高其附加价值，这也是基因组编辑值得被寄予厚望的原因之一。

对植物进行基因组编辑的可能性

村中教授指出，在植物的品种改良领域，基因组编辑技术蕴藏着巨大的发展潜力。还是以土豆为例，在每个细胞里，起到相同作用的基因共有 4 个——人类每个细胞中作用相同的基因是 2 个——它们同时控制着同一功能。按照以往的方法，也就是通过品种杂交来实现品种改良的话，只能寄希望于偶然，才可能将这 4 个基因里所记录的遗传信息全都改掉。像土豆这样拥有 4 个基因的物种，仅改变其中 1 个基因的信息，其他 3 个依然保持原样，则基因仍旧能使原本的功能正常运作，达不到品种改良的目的。就算某个体某个基因的信息被完全改变，如果将其与正常个体杂交，则诞生的子代又有可能从其正常的亲代一方继承基因信息，导致品种改良被中断。这样的情况屡见不鲜。

但如果使用基因组编辑技术，运气好的话，研究者甚至可能一次性把 4 个起到相同作用的基因同时破坏掉。因此，我们能够期待通过这一技术带来的品种改良的可靠性和速度获得数量级层次的提高。

或许在不久的将来，以"无毒"作为卖点的土豆就能在超市货架上随处可见了。在大阪大学，还有其他实验室同样借助基因组编辑技术进行研究。有着如此广泛的研究基础，今后基因组编辑农作物的发展空间将极为广阔。

什么是"战略性创新推进计划"

为了促进这方面的进展，日本已经从国家层面展开了行动。

以日本内阁府为核心，国家于 2014 年成立了一项"战略性创新推进计划"（Strategic Innovation Promotion Program，SIP）。该计划的组成框架横跨了能源、农业等多个领域，其目的是促进未来必备的新技术的开发。与基因组编辑技术有关的内容属于其中的农业领域。支撑农业领域的支柱主要有三项，第一项是推进基于 IT 技术的"智能农业"，第二项是"农作物品种改良"，第三项则是"开发新产品"。基于这三大支柱的方针，政府从来自各家研究机构的计划之中选择有可能实现的或潜力巨大的，并加以采纳。

基因组编辑则被归入了第二项的"农作物品种改良"，其重点在于如何提高各种农作物的产量，以及如何实现功能性改良。

话说回来，日本为什么要着手开展这样的计划呢？其背景在于，农林水产行业以及食品产业的环境正在发生巨大的变化，具体表现在务农者数量大幅度降低、农业生产变得越来越依赖于企业等方面。同时，与进口农产品之间的竞争也愈演愈烈。在这样的趋势之下，日本也希望通过品种改良，开发出具有竞争力的农产品。然而，像以往那样花费很长的时间专注于品种改良的办法已经行不通了。如今，研究者必须赶在有限的时间里取得明确的成果。

在这种情况下，基因组编辑技术就有了大展身手的机会。若能对这项技术善加利用，研究人员将大幅缩短各种农作物和生物品种改良的时间，也有可能直接顺着自己的思路，朝希望的方向进行改良。如今，有不少研究机构都热衷于使用基因组编辑技术，而日本则已经开始考虑把这项技术与种苗公司等民营企业的商品开发联系起来，并试图绘制出一幅具体的发展蓝图，使它不仅停留在研究层面，而是触及实际的产品销售。

该计划主要包括以下三项最为先进的品种改良：

　　第一项是对水稻的品种改良。在水稻领域，一直以来都有人进行着孜孜不倦的研究，以求在狭小的土地上获得丰收。目前正在进行的研究，则是利用基因组编辑技术，进一步提高已改良过的高产水稻品种的平均产量。水稻中存在着各种与谷粒产量相关的基因，比如调节稻穗上所结谷粒的数量及其粒径大小的基因等，所以可以预见，我们能通过破坏数个这样的基因以提高产量。而且，不仅仅只有被当作人类主食的水稻，对于被当作动物饲料的谷物，研究人员同样也正在推进品种改良的研究。

　　第二项是创造高品质的西红柿。通常而言，西红柿很容易腐烂，因此为了尽可能地延长保质期，在发货时必须付出诸多努力，进行周密规划，趁西红柿还没变红就将其采摘下来，然后在运输途中将其催熟。不过，这种方法有一个缺点，就是会降低西红柿的甜度。目前正在进行的对西红柿的改良如果能成功，将来或许就可以在西红柿变甜的成熟阶段再进行采摘了。另外，利用蜜蜂或药剂可以对西红柿进行人工授粉，但花费的成本颇高。这次的研究，在减少诸如此类的问题上亦有进展。其他还包括"更甜的西红柿"或是"具有极强抗氧化作用的西红柿"等，多个品种的开发研究正在进行之中。

　　而第三项是开发"温顺的金枪鱼"。金枪鱼素来以容易紧张而闻名。即便是进行人工养殖，倘若生活环境过于拥挤，金枪鱼也会相互攻击，导致身体受伤。遇到打雷，这些鱼也会陷入恐慌状态，朝池壁猛烈撞击，导致大量死亡。目前，有研究正在试图通过基因组编辑对金枪鱼的这种习性加以改善，希望能通过改变控制脑部激素平衡的基因，让金枪鱼的习性变得更加温顺。

以上三项中，每一项都与我们的日常生活息息相关。一旦改良工作有所进展，必然会对人们的生活产生巨大影响。除此之外，研究人员对其他可食用生物的基因组编辑工作也都在陆续开展之中。不过，上述三项研究作为由国家主导促进的典型案例，未来究竟能突破到何等程度，值得我们关注。

诞生自藻类的生物燃料

能源领域也已经开始了将基因组编辑技术实用化的尝试。据说，在位于日本东京文京区春日的中央大学后乐园校区，某幢研究大楼的一角就在培养作为能源使用的藻类。于是我们便前往采访。

为我们担任向导的是该校科学与工程系的原山重明教授。水槽在粉红色的灯光照耀之下，其中悠悠地漂浮着绿色的生物。这些生物就是我们要找的藻类，它属于绿藻。这种绿藻内含有大量的油脂成分，它能把自身的能量以油脂和淀粉的形式储存起来。将经过干燥的绿藻浸入溶剂（即能很好地溶解油脂的液体）之中，蒸馏后就能提取出藻类中所包含的油脂。原山教授向我们解释道，如果能通过这种方法大量提取油脂，甚至可以作为汽车燃料来使用。

"这就是从藻类中提取出被称作生物柴油的能源的过程。"

这种藻类，每一只单独看来其实都非常小，只有 5 微米，也就是 5‰ 厘米那么大。油脂到底存在于其中的何处呢？我们好奇地询问原山教授。于是他让我们通过显微镜进行观察。显微镜下，藻类以椭圆形的姿态存在。而在半透明的藻类细胞之中，能看见一个个橙色的小珠子，这就是油脂了。

那么，如何才能让藻类尽可能多地生成这样的油脂呢？如前文所述，藻类的能量以油脂和淀粉的形式蓄积在体内。原山教授在十多年前便已有了这样一个猜测——如果令藻类制造淀粉的功能失效，那么是不是油脂含量就会增加？毕竟，能量无法转换成淀粉，就只能以油脂的形式进行储存。为了实现这一想法，则必须破坏生成淀粉的基因。

这可不是什么简单的任务。藻类的基因总数超过 1 万个，为了单独破坏其中制造淀粉的基因，原山教授所采用的方法是将其暴露于辐射及化学药品的环境之中，然后寄希望于偶然，通过成千上万次的尝试碰巧将其破坏掉。利用这种方法，原山教授在某种程度上成功地增加了藻类能够制造出的油脂分量。

但因为此方法不能瞄准某个基因精确破坏，所以会对其他基因造成误伤，甚至在实验中遭到误伤的基因越来越多，而可提取的油脂含量却已经见顶。

与厂商合作——以油脂的大规模生产为目标

基因组编辑技术成了改变这种状况的突破口。采用这项技术，就能在超过 1 万种的藻类基因之中，精确瞄准制造淀粉的基因，单独对其进行破坏。实验结果显示，藻类"每小时"所制造出的油脂量增加到了原来的 1.5 倍。严格说来，藻类中的油脂含量并没有骤然增加。能够获得提升的只不过是在单位时间内，藻类能够制造出的油脂量——

也就是油脂的制造速度，从而提高了生产效率。

"我认为，从生产效率的角度而言，效果大大值得期待。"

原山教授不仅对基因组编辑这一技术的发展潜力给出了正面评价，还做了如下补充：

"打个比方，我们所进行的这类研究，就好像是在一步步地攀登漫长的台阶。如何让各领域的研究者都对其抱有兴趣，是非常重要的一个方面。倘若无法从各行各业搜集种种创意并加以实践，则很难从真正意义上把研究投入实际应用。我觉得接下来的一步，应该是想办法增加支持这项研究的同盟军。"

原山教授已经踏出了这一步。他与电装株式会社（DENSO CORPORATION）展开了共同研究，目标是在 6 年内确立油脂的大规模生产技术体系。我们在之后也对电装公司的负责人进行了采访，他向我们描绘出一幅宏伟的愿景：

"今后，我们会持续进行生物燃料制造技术的研究，确保日本能自主供应本国所需的燃料——这就是我们的目标。"

那么，根据原山教授与电装公司的共同研究，具体要等到什么时候，生物柴油才能投入到实际应用中去呢？原山教授给出了如下的回答：

"未来，石油资源将逐渐枯竭，大气中二氧化碳的含量也会进一步增加。为此，我们必须提前考虑对策。如果能借助生物的力量制造燃料，一定会造成巨大的轰动。希望这项技术能在 21 世纪上半叶获得成功。"

我们人类所面临的困难数不胜数。而在其中，大家公认的最为迫

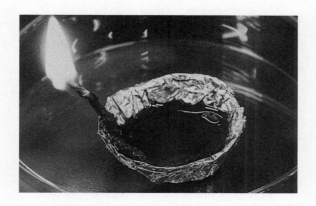

■ 原山教授点燃了从接受过基因组编辑的藻类中提取出来的油脂

切的两个课题，无疑是世界范围的食物来源危机以及可持续能源的实现。基因组编辑技术说不定能够成为解决这两大问题的突破口——至少科学家们都对此坚信不疑。这绝不仅仅是盲目乐观的调侃，我们逐渐被科学家们那冷静而又满怀激情的样子所感染。

原山教授往从藻类里提取出来的油脂中插入一根纸质灯芯，然后用打火机将低垂的灯芯点燃，发出了如蜡烛一般温暖的光芒。

第五章

从基因组层面治疗疑难杂症

从开始围绕基因组编辑进行采访至今，已过去了半年时间。自2015 年年初起，人们逐渐在报纸等媒体上发现"基因组编辑"这一关键词。而我们曾探访过的肥硕的真鲷以及得克萨斯肉牛的照片也被刊载到了报纸和杂志的科学专栏中，它们的体型已长得比我们拍摄之时更为庞大。

一方面，我们仍在继续开展对动植物进行基因组编辑的调研，同时也在探索对人类进行基因组编辑的案例。巧合的是，在 2015 年 4 月，有中国的研究人员发表了一篇对人类受精卵进行基因组编辑的论文，这篇论文获得了极其广泛的关注。在采访的过程中，我们逐渐意识到，大家对基因组编辑寄予了最多期望的就是医疗领域。那么基因组编辑技术到底是否已被应用于人类？如果确实存在这样的案例，我们希望能通过采访，揭示出基因组编辑技术的通用性。

所以，到底存不存在将基因组编辑应用于人类的案例呢？就算能找到，充其量也只是大学医院正在进行的临床研究，抑或是制药公司所进行的临床试验之类的吧？临床的应用项目本就不会太多，哪怕采访顺利，我们能从中找到的获得了成功的案例肯定更加有限。即便想要通过节目将这些成功案例介绍给大众，放眼世界，也找不出几项来。

正当我们因此而苦恼不已的时候，偶然间看到了一篇论文。论文在 2014 年 6 月刊登于美国的医学杂志《新英格兰医学杂志》（*New England Journal of Medicine*）上。宾夕法尼亚大学的卡尔·朱恩（Carl June）博士等人在临床试验中，对感染了艾滋病病毒（HIV）的 12 名患者的血液进行基因组编辑，然后分别将其重新输回患者体内。结果显示，其中 1 人的血液之中的 HIV 病毒彻底消失，6 人的血液中表征免疫力的指标有所改善，疗效十分惊人。

能否对那名 HIV 病毒消失的患者进行一次采访？或者哪怕能采访到免疫力指标有所改善的患者也好……我们想办法与他们取得了联系。

艾滋病病毒的临床试验受试者

为了探访基因组编辑在美国医疗领域的最尖端应用情报，我们于 2015 年 7 月上旬就抵达了当地，但却一直未能获得参与了 HIV 临床试验的患者的同意。这也难怪。发现自己是 HIV 阳性，本就是一个难以令人接受的事实。而负责开展临床试验的宾夕法尼亚大学的教授也以太忙为理由，迟迟无法给出明确答复。

迫不得已,我们只能先与论文中提到的公司进行联系。桑格摩生物科学股份有限公司(Sangamo BioSciences)是一家生物企业,它参与到了临床试验的各个环节之中,比如血液采集、基因组编辑的实施和分析等。我们恳请公司的负责人帮忙把我们介绍给参与了临床试验的患者。

"要是还不能采访,咱们就干脆跑路吧。"只剩两天就必须回国时,我半开玩笑地和摄像师们说道。之后,我们终于收到了患者本人同意采访的回复:"我可以接受采访,但因为工作比较忙,所以最好能将时间控制在一个半小时左右。"

"总算不用跑路了!"大家都欣喜若狂。而这位人物的出现,令我们切身体会到了基因组编辑所蕴藏的巨大潜力与希望。

此人名叫马特·夏普(Matt Sharp),目前正投身于向和自己一样感染了 HIV 的人群介绍最新治疗方法的咨询活动之中。取得联系的第二天,我们即刻赶往夏普先生位于旧金山的住处。夏普先生的住所位于一个距离金门大桥车程不远的安静住宅区,一幢混凝土结构的公寓二楼内。

夏普先生来到门外迎接我们,他身穿红色 T 恤和卡其色裤子,笑着与工作人员一一握手。透过 T 恤可窥见他结实的手臂,壮得就像一名运动员,并且左臂从手肘到手腕布满极具视觉冲击力的纹身,他今年 59 岁,头发已经灰白,却显得十分精神。他招呼我们进屋,然后说道:"欢迎,有什么想问的尽管问。"

在这套两居室的房子里,夏普先生和一条黑色的狗一起生活。黑狗叫作贝蒂,热情地一个劲地往我们身上扑。夏普先生当天傍晚要出发前往欧洲进行演讲，所以我们的采访时间也被限定在了一个半小时内。"该从哪儿开始聊起呢？"我们生怕来不及问完所有该问的问题，于是赶紧架设起摄像机。

夏普先生首先谈及的，是他在 1988 年感染 HIV 时的事情。当年他正处于芭蕾舞演员的巅峰时期。原本在得克萨斯州就读高中的他，在戏剧老师的建议下进入了演艺圈，随后又展现出舞蹈才能，在欧洲踏上了芭蕾舞演员之路。他拿出刚发现感染了 HIV 时的照片给我们看，这是夏普先生在 30 岁出头时的舞台照，当时的他身为舞蹈演员，金发帅气，英姿飒爽，摆出脚尖点地、双臂在头顶环抱的姿势，柔韧的身体弯曲成拱形。"好像大明星啊""太帅了"工作人员们由衷地用日语赞叹出声。

"被鉴定为 HIV 阳性时，我不得不就是否继续跳舞做出选择。最终，我决定中断芭蕾表演，专心寻找治疗方法。"

当时，艾滋病患者见报最多的城市是旧金山，因此，对艾滋病疗法的研究在旧金山逐渐变得热门。于是夏普先生毫不犹豫地搬来了此地。

"我了解到，旧金山在艾滋病疗法方面有所突破，所以决定搬过来。在与 HIV 的战斗之中，我始终保持着'先手'优势。"

以前的 HIV 疗法与最新的 HIV 疗法

此后，夏普先生逐渐参与到各种各样的临床试验之中。他很早就开始接受抗逆转录病毒治疗（antiretroviral therapy），通过同时服用多种不同的药物，得以将血液中的 HIV 病毒增殖稳定在一定水平之下。然而，抗逆转录病毒疗法的药物价格非常高昂，不但无法根治，而且一旦开始服用就不能中断，甚至连服药时间也容不得丝毫差错，否则极可能发生药效丧失的危险。同时，抗逆转录病毒药物还会导致如头晕、呕吐、腹泻之类的副作用。因此，这种疗法可以称得上是杀敌一千，自损八百。

夏普先生必须每天早晚两次，在固定的时间服下 4 种不同的药物。即便如此，他的表征免疫力指标依然在不断下降。或许正是因为这个原因，他每年到了换季的时候都会感染上肺炎。夏普先生从厨房的柜子里找出抗逆转录病毒的药物给我们看："这些药物还会导致抑郁症，换成是你们，也会不情愿吃吧。"

2010 年，也就是基因组编辑的第一代——ZFN 出现之后没过多久，夏普先生终于等来了好消息。主治医生将最新的临床试验消息推荐给他的时候，是这样说明的："有一项新开发出来的疗法，利用一种类似于微型剪刀的物质，将血液中白血球内的基因的一部分切断，从而让这些白血球不会再被艾滋病病毒击溃。这样就有可能阻止艾滋病的发病。"

"我感慨地问医生：'这就是基因疗法？听起来很科幻啊。'然后还询问了治疗风险，比如'以后会不会有患上癌症的风险'之类的。"

对于这种全新的治疗方法，夏普先生既感到好奇又觉得不安。对在此之前早已参加过多项临床试验，自认为对艾滋病及其治疗方法了解得比其他人都更为透彻的夏普先生而言，这是一项闻所未闻的技术。不过，在听说预期疗效要超过风险之后，夏普先生还是下定决心参加了这次临床试验。

简单到难以置信的疗法

照片里，夏普先生正躺在床上露出笑容，手腕上还悬挂着抽血用的导管。他希望能用照片记录下自己成为全世界首例接受基因组编辑疗法的 HIV 感染者的模样，于是请护士拍下了这张照片。

"治疗过程简单到令人难以置信，"当话题转移到临床试验上时，夏普先生的口吻顿时流露出几分热切，"也就是在针头扎进去的一瞬间有点刺痛，仅此而已。"

真的是相当简单的过程：首先，在指定的诊所抽血。患者躺在床上，将注射针头刺入双腕。从其中一侧的手腕上抽取血液，输送到放置在床头的仪器里。根据介绍，这一"利用仪器将白血球从血液里分离出来"的过程将持续一段时间。然后，再把分离出了白血球的血液，从仪器中输回另一侧的手腕中。在完成了持续数小时的治疗之后，夏普先生当天就回家了。

分离出来的白血球随后被送往别的机构，接受基因组编辑，在几星期后又被输回夏普先生的血液之中。回输所需要的时间也很短，大概 30 分钟就能完成。

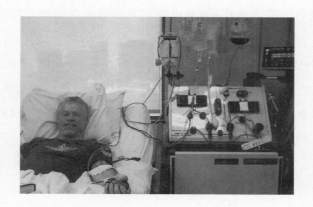

■ 治疗中的夏普先生。从手腕中抽取的血液被送入
放置于床头的仪器之中。
（照片由马特·夏普提供）

基因组编辑医疗的先锋

　　接受了基因组编辑的，到底是夏普先生白血球之中的"什么成分"，基因组编辑又是以什么样的方式进行的？我们为此前往拜访了进行实际操作的桑格摩生物科学股份有限公司。桑格摩公司位于距离夏普先生住处约30分钟车程的地方。

　　1995年创立至今，桑格摩公司一直在开发由于基因异常而导致的疾病的治疗方法，最近几年也涉足了使用基因组编辑技术的疗法，可谓是将基因组编辑应用于医疗领域的先锋。这一次接受我们采访的，是公司的CEO爱德华·兰菲尔（Edward Lanphier）先生。位于旧金山的这个机构，承担的主要是对所抽取血液的检查，以及进行完基因组编辑之后的检查等作业，所以我们无法旁观到基因组编辑操作的过程。

我们已经知道，HIV 病毒在进入血液之后，会依附于白血球内进行增殖。它粘附到白血球表面的突起上，然后以此为立足点，进一步渗透到白血球内部，不断增殖。基于此过程，桑格摩公司找到与白血球上与这种突起有关的基因，利用基因组编辑（采用的是 ZFN 技术）将其切断。如此一来，白血球表面就不会产生突起，HIV 也就无法再渗透到白血球内部了。

"这种治疗方法，唯有通过基因组编辑才能实现。"

兰菲尔先生向我们解释道，他们如今正对这项临床研究进行进一步深化，目标是建立起艾滋病的治疗方案。

据了解，桑格摩公司利用基因组编辑技术进行开发的治疗方法和治疗药物，并不止一项。比如血友病①，这是一种缺乏或缺少名为"血液凝固因子"的能够起到凝血效果的蛋白质的病症。患者只要一出血，就得花上很长时间才能止血。而且血液凝固因子约有 12 种，其中由于缺乏第 8 因子而导致的被称作"A 型血友病"，缺乏第 9 因子而导致的则是"B 型血友病"。桑格摩公司正在开发针对由单个基因参与而引起的 A 型血友病及 B 型血友病的治疗方法。

血友病的治疗程序与夏普先生所接受的 HIV 的疗法不同，是在生物的体内进行基因组编辑，也就是在血友病患者的体内直接进行治

---

① 据悉，血友病在男性新生儿中的发病概率约为万分之一。在日本，针对凝血障碍进行的 2015 年度全国调查结果显示，A 型血友病患者共有 4986 人，B 型血友病患者共有 1064 人。——作者注

疗。这种疗法将用于基因组编辑的物质送入肝脏,然后在体内直接对发生了变异的基因进行修复,属于一种被称作"体内(in vivo)疗法"的治疗方法。目前,这种疗法已经进入了动物实验阶段,预计将于2016年开始进行临床试验。[1]

桑格摩公司同时也正在对其他由于基因变异而导致的疾病,比如溶酶体贮积症(lysosomal storage disease,LSD)[2]和镰状细胞贫血病(sickle-cell disease,SCD)[3]等疾病的疗法进行研究。

一旦搞清楚了致病的基因是什么,特别是当这种疾病是由单个基因的变异所导致的时候,与以往相比,运用基因组编辑研发出治疗方法的可能性将获得显著提升。

临床试验后立刻显现出惊人的变化

让我们回到夏普先生的话题上。在完成了临床试验之后,他的身体状况立刻显现出了令人震惊的变化:表征免疫力的指标获得了大幅改善。之前的数值一直都在"必须服药"的极低范围内徘徊,这下却一口气回升至"不一定需要服药"的程度,而且完全没有副作用。这样的

---

[1]　该研究成果已于2016年进入临床实验,预计将于2021年完成临床试验。——译者注

[2]　这是对先天性代谢异常症的统称,原本应该被分解的物质却成了垃圾,在体内不断蓄积。在日本,溶酶体贮积症于2001年被认定为难治疾病(译注:日本政府将某些难以治愈的疾病认定为"难治疾病",对其患者给予特定医疗费补助,目前共认定了306种)。——作者注

[3]　红血球变形成为镰刀状,从而导致血液流通不畅,进而引发内脏损伤和贫血等症状。主要在疟疾高发地区如非洲较为常见,在日本几乎没有病例。——作者注

状态一直持续到了今天。值得强调的是，和夏普先生同时参加临床试验的其他患者之中，也有几人显现出了相同的结果。

"这个结果真是太令人震惊了，绝对超乎常理啊。"

临床试验结束之后，夏普先生依然坚持服用抗逆转录病毒药物。毕竟表征免疫力的指标大幅度改善并不意味着痊愈，对病症的担忧无法彻底消失。即便如此，他却已经从以往那种"不知道什么时候艾滋病就会发作，丢掉性命"的恐惧之中解脱了出来。

"现在，我已经开始相信'总有一天艾滋病也能被根治'的可能性了。回顾自己刚感染 HIV 的那个年代，这绝对是天方夜谭。"

采访临近结束，他回忆起当年眼睁睁地看着感染了 HIV 的病友接二连三地去世时的情景，不由得潸然泪下。

对癌症治疗也进入了实用阶段

在美国进行采访的过程中，我们切身地体会到，基因组编辑技术的出现，使得那些以往治疗困难或根本令人束手无策的病症有了治愈的可能性。同时我们也了解到，已经有企业先行一步，开始了针对癌症的研究。

癌症在人类的死因中高居前列。想要将基因组编辑技术应用到癌症治疗之中的并不只有张锋博士（第三章详述）。制药巨头瑞士诺华制药有限公司（Novartis Pharma）在 2015 年与美国的基因改造公司（Intellia Therapeutics）展开了合作。基因改造公司是一家于 2014 年新成立的生物初创公司，总部设立于美国东海岸的波士顿。

我们到访之时，实验室启用还没多久，看起来很新，有不少设备尚未投入使用。公司目前正在进行的是针对血液的癌症——白血病的治疗药物的开发，据悉，顺利的话，不久后就能开始临床试验了。

这家公司正在进行的白血病治疗药物的开发，其实是对一种叫作"CAR-T 细胞免疫疗法"的改良。通常而言，当癌细胞在体内生成，或是在接受抗癌治疗的过程中，存在于患者体内的免疫细胞（其中的一种被称作 T 细胞）的功能就会遭到削弱。理论上，T 细胞会对癌细胞发起攻击，但癌细胞为了逃避这些攻击，会玩弄各种"小伎俩"，一边躲避免疫细胞，一边进行增殖。CAR-T 细胞免疫疗法则是通过抑制癌细胞的这种"主要免疫回避机制"，增强免疫功能，从而达到抑制癌细胞增殖的目的。

这原本是由以色列的一个研究组在 1993 年所设计出的治疗方法。日本信州大学医学院的中泽洋三讲师对此总结道①，该疗法首先向采取自患者体内的 T 细胞中导入外源基因（人工 T 细胞受体基因），然后进行培养增殖，再将其重新送回患者体内。然而在以往，为了向 T 细胞中导入外源基因，一直都采用的是病毒载体（virus vector）②这一方法，需要具备高难度的操作技巧。

着眼于此，基因改造公司将视线投向了基因组编辑技术，希望能

---

①　[日]中泽洋三. 使用嵌合抗原受体（CAR）的基因修饰 T 细胞治疗[J]. 信州医志，2013，61（4）：197-203.——作者注

②　病毒载体常被用于基因重组等基因操作过程中，它是将病毒之中与致病性相关的基因去除掉，然后融入所需的外源基因所制成的。载体（vector）的含义是"基因的搬运工"，根据所插入的外源 DNA 片段的大小或作用的不同，可进一步细分为逆转录病毒载体（retroviral vectors）和慢病毒载体（lentiviral vector）等多种。除了病毒之外，第二章和第四章所述的农杆菌等细菌也可被当作载体。——作者注

开发出一种更为简单高效的方法。他们所考虑的方案是，能否对取自普通捐献者而非患者体内的 T 细胞进行基因组编辑（采用 TALEN 技术），提高其性能，然后再注入患者体内。如果这种疗法真的能实现，那么就有希望让数量远超以往的更多白血病患者，以更快的速度和更低的费用接受治疗了。据悉，与基因改造公司展开合作的诺华制药公司，已经在美国国内针对这一治疗方法展开了临床试验，并且获得了极有可能治疗白血病的结果。基因改造公司的最高研发负责人托马斯・巴恩斯（Thomas Barnes）博士做出了如下发言：

"对于各种不同癌症的治疗，该选择哪种基因组编辑方式才是最优方案？如今全世界的科学家都在探索这个问题。只要掌握了 CRISPR-Cas 9，就有可能有针对性地处理各类患者。眼下，我们人类的医疗事业正在发生前所未有的巨变。"

京都大学 iPS 细胞研究所的挑战

如今，在日本国内，基因组编辑技术也已被越来越频繁地运用到了医疗领域。其中最值得关注的当属京都大学 iPS 细胞研究所堀田秋津助教率领的研究组。

在进入正题之前，我们还是先来介绍一下何为 iPS 细胞吧。

iPS 细胞是京都大学 iPS 细胞研究所的山中伸弥教授所开发的诱导多能干细胞。追本溯源，构成我们身体的所有细胞，全都来自于一个细胞——受精卵。从受精卵开始，细胞不断重复分裂和分化的过程，逐渐分化成了眼睛、骨骼、血液和皮肤等人体各个不同部位的细胞。也就是说,细胞在受精卵这个阶段,具备分化成任意一种细胞的潜力,即全能性(totipotency)。通常而言,细胞一旦开始分化,就无法再逆转回受精卵那种具备全能性的最初状态了。

　　然而,山中教授却发现了一种能将已经分化的体细胞重新变回能分化成任何一种细胞的状态的方法。只要将四种特殊的基因——也就是被命名为"山中四因子"①的基因——融入皮肤或血液的细胞之中,就能将细胞"初始化"成与受精卵类似的阶段。

　　因为 iPS 细胞具有与受精卵类似的全能性,所以研究者可以利用它制造出各种各样的细胞。比如,神经细胞通常难以直接从身体中提取得到,但现在却有可能利用皮肤或血液等比较容易获得的细胞制造出来。而且,iPS 细胞还继承了原始细胞的遗传信息,因此可以对遗传性疾病进行重现。京都大学 iPS 细胞研究所经过长期的研究积累,希望能借助 iPS 这一细胞,在帕金森病和软骨发育不全等各种疾病的治疗方法和药物的研发中取得领先成果。

　　在这家使用最新医疗技术推动疑难杂症的研究进展的研究所中,堀田助教正在率领他的研究组,将 iPS 细胞技术与基因组编辑技术结合在一起,意图开发出一种全新的治疗方法。

---

　　① 最初,iPS 细胞的制造是通过导入 Oct3/4、Sox2、Klf4、c-Myc 这四种基因——也就是后来被命名为"山中四因子"的基因来完成的。后来又增加了 LIN28 以及 DN-p53 这两种基因,所以如今在 iPS 细胞的制造过程中一共需要导入六种基因,并且其中的 c-Myc 被 L-Myc 所取代。——作者注

以根治肌营养不良症为目标

堀田教授是一位年龄尚不到 40 岁的年轻研究者，身材消瘦，穿着合身的白色 T 恤，给人清爽的印象。他的专业方向是干细胞遗传工程，主要研究的是对作为疾病成因的基因施加改变，以此进行治疗的基因疗法。

在日本，将基因组编辑技术运用于医疗领域的发展状况远远落后于美国。在我们对其他研究者进行采访期间，只要谈到谁是医疗领域中首先采用基因组编辑技术进行研究的人，堀田助教的名字就一定会被提及。他所进行的研究是对肌营养不良症疗法的开发。

肌营养不良症又称为肌肉萎缩症（muscular dystrophy），在绝大多数情况下属于先天性遗传病。这种疾病是由于本应在肌细胞中发挥作用的抗肌萎缩蛋白（dystrophin）的基因产生异常，从而导致全身肌肉变得细弱，逐渐萎缩。随着年龄的增长，患者会逐渐丧失站立和行走的能力，甚至有人从十几岁开始就只能在轮椅上度过余生。

该疾病分为两大类：杜氏（Duchenne）型和贝克（Becker）型。通常而言，杜氏型的症状较重，贝克型的症状相对较轻。堀田助教试图通过用基因组编辑技术治愈杜氏型患者。据说，患上这一绝症的病人有不少在 20 来岁就因为心脏衰竭而去世。据估计，日本国内的患者人数约为 2500～5000 人。

杜氏型是由于抗肌萎缩蛋白基因的一部分发生缺损而引起的。堀田助教的研究目标是对抗肌萎缩蛋白基因的异常进行修复，使其恢复正常状态。

氨基酸和蛋白质

接下来的内容理解起来会有些难度。堀田教授耐心地向我们逐一进行了说明。

首先，我们需要对基因有一个基本的了解。基因的作用到底是什么？答案就是制造蛋白质。那么，基因具体又是如何制造蛋白质的呢？

关键在于构成基因的四种类型的碱基所携带的信息。从四种碱基中选择三个组合在一起，就对应了一个氨基酸。已知的构成生物体的氨基酸共有 20 种，其中每种氨基酸都对应着唯一的一种三碱基排列顺序。然后，这些氨基酸进一步地首尾相连形成长链，就形成了蛋白质。蛋白质是构成我们身体以及完成各项功能的基本单位。

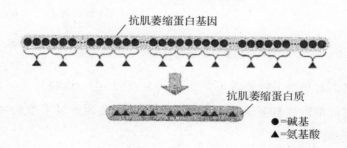

■ 正常情况下抗肌萎缩蛋白质的合成情况

了解了这些之后，让我们回头再来看看肌营养不良症。

导致肌营养不良症的原因是抗肌萎缩蛋白基因存在缺损。依据抗肌萎缩蛋白基因制造出的，自然是抗肌萎缩蛋白质。该蛋白质以抗肌萎缩蛋白基因当中的"外显子"（exon）部分的碱基信息为模板制造而成。碱基以 3 个一组为基本信息单位，每个单位对应一个氨基酸。这些氨基酸逐一连续排列，构成了抗肌萎缩蛋白质。抗肌萎缩蛋白基因的外显子分布于 79 处区域之中，通常而言，必须将这 79 处的外显子全部凑齐，才能形成正常的蛋白质。

由此制造出的抗肌萎缩蛋白质，一般存在于肌肉之中，起到维持细胞形态的作用。正是有了它的存在，我们在随心所欲地活动身体时，肌细胞才不会轻易遭到破坏。

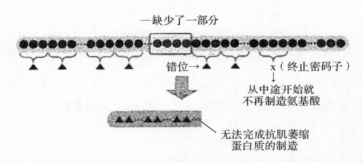

■ 患病时抗肌萎缩蛋白质的合成情况

然而对于得了肌营养不良症的病人而言，这一机制发生了异常，无法完成制造抗肌萎缩蛋白质的工作。这是因为外显子中的碱基发生了缺损。

外显子中的碱基一旦发生缺损，会导致什么样的后果？一部分的基因凑不齐，就会产生错位，使得与其相对应的不再是原本的氨基酸，于是形成蛋白质所需的氨基酸自然也无法凑齐，最终结果就是患上了肌营养不良症。

不同患者的基因之中,外显子发生缺损的位置不一定相同。在某些区域,外显子即便存在缺损,依然能制造出不完整的蛋白质,并且继续维持一部分功能。被堀田助教当作研究对象的是"外显子44"区域整体缺失的情况。氨基酸是形成蛋白质的基材,每一个氨基酸都与一组包含3个碱基的组合相对应,因此所需的碱基总数一定是3的倍数。然而外显子44这一区域内包含的碱基数目并非3的倍数,它必须和相邻的"外显子45"区域中作为起始的那个碱基进行组合,才能被转译成正确的信息。也就是说,"外显子44"一旦发生缺损,所转译出的信息就不再是原本的每3个碱基的组合,而会是错位之后的组合。不仅如此,因为发生了错位,所以在"外显子45"这一区域的中途会加载出一组碱基,其组合顺序被称作"终止密码子"。

所谓"密码子",是对3个一组的碱基组合的统称,总共包括64种,其中一种是"终止密码子",所代表的含义是"氨基酸长链到此结束"。只要加载到这里,后面就不会再有氨基酸连接上去了。氨基酸长链中断,意味着蛋白质的制造在中途戛然而止,最终导致疾病发作。这一发病原因,在杜氏型肌营养不良症之中是第二多的。

有三种编辑方法能制造出蛋白质

"于是我们想到,借助基因组编辑技术,或许就能找出补全'外显子44'缺损的方法。"

大家将注意力放在了"外显子45"上。能否找到一种方法对该区域进行恰到好处的编辑,使蛋白质的制造过程得以顺利完成呢?研究组尝试了各种方法，希望能将碱基总数恢复成 3 的倍数，同时还必须避免"终止密码子"的出现。这些方法主要包括以下三种。

方法一：通过基因组编辑，让"外显子 45"也停止运作。如果同时计算"外显子 44"和"外显子 45"这两个区域，则碱基总数是满足 3 的倍数这个条件的。换言之，如果能同时将"外显子 44"和"外显子 45"破坏掉，碱基的总数就又能恢复成 3 的倍数了。位于"外显子 45"之后的区域将继续按照原本的组合方式被转译成氨基酸，而且不会再出现"终止密码子"。

这意味着制造蛋白质所需的绝大部分氨基酸都能被正常制造出来。虽然不完整，但最终制成的蛋白质可以在某种程度上重获正常功能。如此一来，应该就能减轻患者的症状了。

方法二：反过来通过增加或减少碱基，让"外显子 45"的碱基数目恢复成 3 的倍数。在"外显子 44"完全缺失的情况下，碱基的总数只比 3 的倍数少 1。为了将碱基数目凑齐成 3 的倍数，只需要往"外显子 45"中补充 1 个碱基进去就行了，或者从中消去 2 个也行。

事实上，基因在遭到破坏时，会自动尝试修复受到破坏的那部分。也就是说，如果通过基因组编辑破坏掉"外显子 45"的一部分，基因便会试图对其进行修复。利用这个机会，就能往碱基序列中追加新的碱基，或反过来借机消除某个基因。

堀田助教所认准的就是这个方法：通过破坏"外显子 45"的一部分，促进其自我修复功能运作，借此补充进去 1 个碱基或消除掉 2 个碱基。不过要达成目的，还有另一个前提，那就是进行基因组编辑的位点必须在终止密码子的组合之前。通过对位于前半段的碱基进行编辑，以避免终止密码子组合的出现。如此一来，对碱基的读取就能持续到序列完结为止，这意味着人体重新获得了制造蛋白质的能力。

　　方法三：把缺失的"外显子44"完整地插入碱基序列中，使患者从根本上恢复成完美状态。在"外显子45"之前制造一个切口，然后将"外显子44"完整地插入缺口之中。如此一来，就能制造出正常的蛋白质了。这种方法是比较容易理解的。

　　然而，即使我们能想到这些方法，从伦理角度而言，却难以在人体上进行实验。这时就需要iPS细胞登场了。

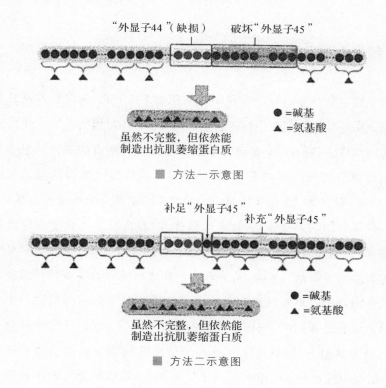

"外显子44"（缺损）　破坏"外显子45"

●＝碱基
▲＝氨基酸

虽然不完整，但依然能
制造出抗肌萎缩蛋白质

■　方法一示意图

补足"外显子45"　补充"外显子45"

●＝碱基
▲＝氨基酸

虽然不完整，但依然能
制造出抗肌萎缩蛋白质

■　方法二示意图

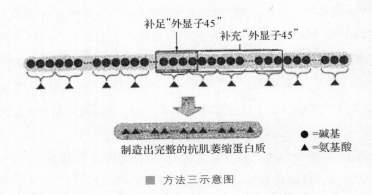

方法三示意图

iPS 细胞＋基因组编辑

正如本章一开始所介绍的,iPS 细胞技术指的是,向皮肤或血液等已经分化过的体细胞之中插入特定的基因,令其初始化成接近受精卵状态的细胞。我们知道,细胞之中携带着该生物所有的遗传信息。如果某位患者的病因存在于基因之中,那么只要将该患者的细胞制成iPS 细胞,则这个 iPS 细胞同样也会包含患者疾病部分的遗传信息。

众所周知,如果患病之处在于脑神经,那么想要从脑中提取出神经细胞用于研究,几乎是不可能的事。但如果使用 iPS 细胞,则可以完美解决这个难题。首先,从患者的皮肤或血液等容易获得的部位之中提取出细胞。皮肤细胞和血液细胞之中所包含的遗传信息与患病的神经细胞是相同的,利用这些细胞制造出 iPS 细胞,进而将其分化成脑神经细胞之后,就能重现脑神经细胞的病症。堀田助教将这种iPS 细胞的技术与基因组编辑技术进行结合,希望借此开发出肌营养不良症的治疗方法。

首先，利用肌营养不良症患者的皮肤细胞制造出 iPS 细胞。研究人员在 iPS 细胞的状态下对其进行基因组编辑，然后分别采用前文所述的三种方法，尝试修复基因。然后利用这些接受了基因组编辑的 iPS 细胞制造出肌细胞，并测试其是否能完成正常的功能运作。如此一来，即便三种方法所获得的结果有差异，但的确能证实，它们都可以制造出抗肌萎缩蛋白质，也就是令基因恢复了正常功能。

"关键在于，所瞄准的必须是序列之中独特的部分。"

基因携带着海量的信息，但其实当中有半数左右都包含了相同的序列。当我们想要利用基因组编辑来切断基因的时候，如果以 X 序列为目标，就要先制造出用于切断 X 的 TALEN 或 CRISPR-Cas 9，然后再用其进行基因组编辑。但是，如果基因组之中的两处地方都存在 X 序列，那么实施基因组编辑的时候就有很大风险会将两处地方同时切断。这就是脱靶效应（off-target effects）。如此一来，就算病灶部分能被修复，其他部分却又有可能患上别的什么疾病，甚至会危及患者的生命。

为了防止这种情况发生，堀田教授从"外显子 45"之中鉴定出了一段在其他地方找不到重复的独特序列，并将此处当作精确靶点。瞄准这段序列进行切断，意味着能够大大提升切断的准确性。实践中，研究者通过对被修复的基因信息进行检测，已经证实，除了被当作靶点的"外显子 45"之外，并未发现其他致命性的基因变异。也就是说，研究者成功地针对"外显子 45"实施了正确操作。

通过注射,将基因组编辑物质送入体内

基因组编辑的治疗效果已经在细胞层面上获得了验证。那么,这是否就表示它可以用于人体治疗了呢? 对肌营养不良症的患者而言,仅仅针对无数肌细胞中的一个进行基因组编辑,是不会产生效果的。显然,如果不对所有的肌细胞中的遗传信息都进行基因组编辑,是不可能将病治好的,又或者必须在受精卵阶段就进行操作才行。那么,我们将来该如何在医疗中运用这项技术呢?

其实从 2016 年 4 月开始,科研人员已经在小鼠上展开了利用基因组编辑技术治疗肌营养不良症的实验,并且不是在受精卵的阶段进行操作,而是采用肌营养不良症已经发病的小鼠进行实验。小鼠已经发育出了无数的肌细胞,这样的状态下,该如何进行治疗呢?

"只需要注射而已。通过肌肉注射,将 CRISPR-Cas 9 或 TALEN 送入(体内)。"

根据计划,首先要对足部肌细胞进行注射,将 CRISPR-Cas 9 或 TALEN 送入细胞之中,每次注射都能覆盖一定范围的肌细胞。已经长成了肌肉的细胞接受基因组编辑,其中的病灶基因将获得修复。科研人员希望开发出的,就是这样的一套治疗方法。虽然人类也有可能采用相同的方法得到治愈,但却不太可能通过单次注射就让治疗范围覆盖全身所有的肌细胞,理论上,患者必须以数月一次的频率,定期进行注射。

"虽然持续时间很长,但患者不需要每次都住院,只要在门诊打个

针就行了。所以对患者而言，这几乎不会产生什么负担。"

看起来，堀田教授坚信，只要一切顺利，这种方法就能优化成理想的治疗方法。那么，CRISPR-Cas 9 或 TALEN 在人体内的扩散，会不会导致什么无法预料的意外后果呢？

"如果是进入血液，自然免不了在体内循环。但肌肉注射的话应该只会留在肌肉内部的一定范围内吧。这方面我们也必须先在小鼠上进行实验，将效果和副作用都厘清，综合考虑才行。"

但是，这并不代表只需要向患者的肌肉进行注射就能彻底治愈这种病了。因为肌细胞经过一定时间后就会死亡。细胞不断进行新陈代谢，时刻都有新的细胞被制造出来。有一种被称作卫星细胞［satellite cell，成体干细胞（adult stem cell，ASCs）的一种］的细胞，会不断供应新的肌细胞。即使成熟的肌细胞接受了基因组编辑而被治愈，如果肌肉卫星细胞中的遗传信息里仍存在病灶，那么新制造出的细胞依然是带病的。

堀田教授希望，今后能进一步建立起对卫星细胞进行基因组编辑的全新疗法。如果对卫星细胞的遗传信息也能进行修复，那么它制造出的新细胞就都是健康的细胞了。他在最后补充解释道，卫星细胞零星分布于肌肉组织的各个部位里，所以难以同时对多处进行治疗。

基因组编辑的竞争对手是美国

即使仍存在需要解决的问题，堀田助教的研究毋庸置疑具有划时代的意义，甚至可以说是日本首次将基因组编辑技术运用到疾病疗法的开发之中。

"其实在美国，已经有旨在通过基因组编辑技术治疗小鼠肌营养不良症的论文发表。我的研究在日本确实算是先驱，但全世界都在你追我赶地开发和研究着。"

到底哪个国家能在基因组编辑的医疗应用方面取得领先地位？这或许将逐渐升级成一场激烈的竞争。在日本还有一个严峻的问题是，药物从开发到上市要花费漫长的时间。而且不难想象，作为从未有过先例的"在活人体内，对活人的基因进行治疗"的药物，其开发过程绝不可能一帆风顺。

"这必定是一条艰难的道路。但在安全性方面，我希望能通过反复且严苛的验证让大众理解它，并最终诞生出优秀的治疗方法。"

采访告一段落，堀田助教说"欢迎随时联系"，然后返回了实验室。对我们的问题，堀田助教以强有力的言辞给出了回答，他对待媒体采访是如此的堂堂正正。这一定是因为他自始至终都确信，这项技术一定能拯救患者于水火。待其成长到人们足以放心使用的水平，一定会成为那些挣扎在遗传疾病的痛苦中的患者们的希望之光吧。

将猴子作为模型动物

自基因组编辑开始应用于医疗事业，人们期待最高的莫过于新药开发领域。在药物的开发过程中，必须先在动物身上验证其安全性和有效性，然后才能在人体上实验。这些实验动物被称作"疾病模型动物"。而如今，利用基因组编辑就能以过去无法想象的便捷，制造出模型动物。

　　说到疾病模型动物，如今最常用的主要是小鼠。把开发出来的药物用在作为实验对象的患病小鼠身上，观察其影响。所谓患病小鼠，其实是人为制造的产物。在第二章中也已有所提及，通过基因敲除技术，曾诞生了患有癌症、糖尿病以及骨骼疾病等各种疾病的小鼠，以帮助人们研究各种疾病。但是，制造这些患病动物的工作难度非常高，而除了小鼠之外，其他模型动物的种类寥寥无几。

　　而基因组编辑忽然令一切都变得容易起来。甚至与人类近似的动物，也可以陆续制造出模型动物。日本正在尝试将各种疾病重现于一种名为"普通狨"（common marmoset）的小型猴子身上。普通狨猴是一种在生理学和解剖学特征上都比小鼠更接近人类的动物，所以能更准确地体现出药物的效果。这方面的研究是由实验动物中央研究所和应庆大学的研究组共同完成的。

　　2016年6月，这个合作研究小组使用普通狨，进行了世界上首次对灵长类受精卵的基因组编辑，并宣布成功再现了免疫功能失效的状态。研究人员希望，将来这些经过基因组编辑的模型动物能应用到糖尿病、癌症以及精神病等疾病的药物开发上。

　　2015年，我们曾前往实验动物中央研究所进行采访，应用胚胎学的研究主任佐佐木绘里香女士告诉我们，这项研究将使药物开发的效率产生飞跃性的提高，那些长久以来一直期盼着治疗药物诞生的绝症病人，也将看到治愈的希望。它向我们展示了未来医疗事业的发展方向。

　　"采用以往的方法，有很多疾病都是无法制造出模型动物的。但随着基因组编辑技术的出现，可能性顿时拓宽了许多。围绕着新药的开发、绝症的治愈等各方面研究的前景逐渐明朗，这是具有划时代意义的里程碑。"

猴子的受精卵可以接受基因组编辑，这是否意味着人类也能够接受基因组编辑？对于这个疑问，佐佐木主任的回答是："我们并没有对人类进行基因组编辑的计划。"但同时，她也认可基因组编辑确实有可能应用于人类。

看到对新药开发做出了贡献的普通猕，我们再一次敏锐地意识到基因组编辑技术的进化。它给我们留下了这样一个印象：基因组编辑技术已经无限接近必须从伦理角度及安全性方面展开一场全社会大讨论的高度。那么基因组编辑到底将为医疗事业绘制出一个怎样的未来呢？

一个能够根治所有疾病的社会——人类真的有可能获得如此美好的未来吗？研究者们一点一滴的朴素成果仍在不断积累之中。

第六章

希望与不安之间——充满迷惘的研究现场

2015 年 8 月,在日本东京千代田区的一间大型会议室里,来自全日本的众多研究人员齐聚一堂。这次研讨会是由日本全国多所大学对动物或植物进行基因操作的实验机构所组建的大学基因研究支持机构联络委员会所举办的,但这一年的情况却与以往有所不同。

在科研机构,常被当作实验动物的主要有大鼠、小鼠以及兔子等。也有些研究机构会用犬或牛等大型动物,或是植物和微生物等进行实验。在许多机构之中,研究者除了进行研究之外,还会参与机构的经营管理工作,同时也负责指导或支持机构中的研究者在实验中正确地使用动物或植物。针对如何处理接受过基因重组的生物的问题,业内已设置了严格的规定,遵守这些规定亦成了年轻研究者们或学生们的重要工作。

研讨会开始不久,话筒被传递到了一名参会者手中,会场里响起了他洪亮的声音："今天找不到答案我就不回去！"

"接受过基因组编辑的生物，到底该被当作'基因重组（转基因）生物'，还是应该被当作'非基因重组生物'？无论如何，我今天必须找到答案。"在场的所有参会者此刻都不约而同地抬起头来，因为这个问题的答案正是大家都想知道的。也有人想确认一下到底是谁敢问得如此一针见血，视线却与邻座的人士撞在了一起。对于这个问题，没有人能做出回答。

使用基因组编辑技术的研究正在迅速发展。只要有实验在进行，就会有接受了基因组编辑的小鼠或微生物诞生。然而，目前却还没有制定出规定该如何处理这些生物。这一点是关键所在，今后很可能会酝酿成一个让全社会都广泛讨论的话题。

针对基因重组技术的严格规定

对于基因组编辑和基因重组在技术上的差异，我们已经在第二章中进行过说明。那么在这里，我们将一边重新回顾基因重组技术的历史，一边来看看，当前围绕实施基因组编辑需要遵守什么规定，已经展开了什么样的讨论。

基因重组是一项在 20 世纪 70 年代获得了极大突破的技术。研究人员发现，病毒或某种细菌会往感染对象的基因之中融入自己的基因，基因重组技术的诞生就是利用了这个性质。前几章中已经提到过，在创造对人类有益的生物的过程中，这项技术也日益成熟，至今为止已经诞生了诸如具有除草剂抗药性的大豆，以及对害虫有抵抗力的玉米等各具特性的生物。

涉及这些基因重组生物的操作，必须遵循严格的规定。其中人们严防死守的，是经过基因重组的生物被释放到自然界，与野生的生物杂交，并在自然环境中发生扩散的情况。

举个例子，假设有一种植物接受了基因重组，在贫瘠的土地上也能快速成长，而它的种子被无意中释放到了自然界。这种植物开始和野生的相关物种杂交，杂交的后代继承了它在贫瘠土地上也能快速成长的基因，并且进一步扩散。凭借这个基因的优势，其后代就会在以往无法生长的土地上蓬勃生长，逐渐掠夺原生植物的生存空间。最后，等到人们想要处理它的时候，它与野生品种之间的杂交后代已经传播得太广，再也无法彻底驱除了。

只要像目前这样严加管理，上述假设就不可能发生。但如果缺少了严格的规定，难免会发生类似事故，最终损害到自然界的生物多样性。为了避免这样的情况发生，日本制定了《卡塔赫纳法》，它是基于《卡塔赫纳生物安全议定书》这一国际协议所制定的国内法。如果是不涉及基因重组的实验，大体上遵照业内专家或相关人士自行制定的准则或指导方针等规定来处理相关生物即可。但对于基因重组技术，则必须按照法律制定严格的规范来处理。其中所规定的最重要的义务是——接受过基因重组的生物与自然界之间，必须实施完善的隔离；在将其带出隔离设施之前，必须确保其不会对生态环境造成影响。

然而，也有不少研究者指责这项规定太过严苛。还有人认为，这样的法律将导致研究自由受到限制，从而阻碍研究者利用基因重组技术为社会做出贡献。

　　在研究机构之中,基因重组生物必须在指定的实验室内进行处理,禁止在指定场所之外的区域培育和培养基因重组生物。并且,为了避免人员无意中将培育和培养着的生物带出房间,对于指定的实验室,还制定了详细规定,比如在出入口必须设置遮蔽板等。

　　如果是植物,为了避免它的花粉被吹到机构之外,换气扇也必须经过特殊处理。在接受严格管理的实验室中的研究完成之后,就会进入需要在室外苗圃等场所进行大范围栽培实验的阶段。然而,这个阶段同样困难重重。研究者必须对苗圃周围环境中的植物进行调查,确保不存在能够与其杂交的植物,然后将收集到的所有信息提交给日本环境省,获得政府批准后才能进行。对研究者而言,这项工作需要付出大量的精力。在实施商业栽培前,同样必须先收集栽培场所的数据并获得政府批准。据说有不少企业都因为考虑到流程所需的成本太高,直接放弃了栽培。

研究者的不满

　　如第二章中所介绍的,在利用基因重组技术创造农作物新品种的研究机构当中,隶属于日本农林水产省的研究机构和农研机构,无论其所取得的业绩还是所拥有的设备,在日本都是顶尖的。

　　位于茨城县筑波市的农研机构,正在进行各具特色的农作物开发工作。在它院落的一角,有一块用于栽培实验的稻田。这里种植的是能够减轻杉树花粉过敏的水稻。这是一种利用基因重组技术创造出的全新品种,这种水稻能自行生成导致杉树花粉过敏症状的病因——

"抗原决定簇"（表位，epitope）[1]。食用这种大米的同时也会摄入微量的过敏物质，久而久之，或许就能减轻对杉树的过敏症状。这个过程被称作"脱敏作用"。

我们在夏日的酷暑褪去之后来到这里参观。临近收获时节，水稻已经垂下了沉甸甸的稻穗。与普通稻田明显不同的地方在于，这一整片稻田都被细网覆盖，据说是为了防止麻雀之类的鸟儿啄食稻谷，将进行了基因重组的水稻带出机构之外。负责人在回答中反复提及："为了展开室外栽培实验，我们不得不花费巨大的精力，完成十分麻烦的手续。"

就连陆续创造出了多种基因重组农作物的日本核心机构中的研究人员，都再三强调制度方面的门槛设置过高，更不用说那些仅由教授加上几名教职工维持运营的普通大学研究室了，他们根本无力完成基因重组植物的开发或室外的实验性栽培。事实上，日本国内所开展的基因重组植物的户外栽培项目，实在是寥寥无几。

鉴于上述情况，对进行过基因组编辑的生物是否该给予和基因重组生物相同的对待？对研究人员而言，这个问题绝非纸上谈兵的抽象概念，而是与日常研究息息相关的现实问题。如果基因组编辑被当作基因重组的一种方式而受到管制，研究开发的速度必然将被大大延缓。反过来，如果人们认同这一技术"不属于基因重组"而放松管制，则开发速度必将获得提升。针对蕴藏着无限商机的基因组编辑技术，社会性的大讨论尚未展开，研究者们的想法就已经如此错综复杂。

---

[1]　抗原决定簇又称抗原表拉（epitope）或抗原决定基（antigenic determinant），指抗原分子中决定抗原特异性的特殊化学基。——编者注

基因组编辑是否等同于基因重组

这个问题光由研究人员来回答是不够的，它与我们消费者同样息息相关。如果你在超市货架的食品包装上见到了"基因重组"这四个字，会有什么感觉？

研究人员之中有人提出，把所有接受过基因组编辑的生物一律当作基因重组个体执行严格管理，这样的做法并不妥当。他们的立场是：基因组编辑与基因重组有着根本性的不同。大多数研究者并不反对将基因组编辑之中引入了其他生物基因的那一部分产物纳入基因重组的范围，实施相同的管理。但对于那些仅仅只是目标基因遭到破坏的生物，情况则变得复杂了。

那么，接受过此类基因组编辑的生物，它们与基因重组生物到底是不是一回事？以下将罗列出双方的代表性意见。

认为基因组编辑与基因重组不同的一派："接受过基因组编辑的生物，和普通生物是一样的。"

有一种观点认为："借助基因组编辑被定点破坏了某个基因的生物，和自然界所发生的基因突变是一回事。"破坏某个特定基因，使其功能停止的变异，在自然界时有发生。太阳发射的紫外线或自然界的辐射都在持续对基因造成损伤，细胞内部的基因变异一直在不断累积。到某一刻，就会诞生在性状方面稍有不同的突变个体，这一现象在生物群体中不断发生。

比如，第二章中介绍过的白色青蛙，它是通过利用基因组编辑定点破坏掉生成色素的基因而制造出来的。理论上,这种白色青蛙在自然界也是存在的。虽然只有几万分之一甚至几十万分之一的概率,但与这种白色青蛙发生了相同的自然突变的青蛙,必然存在于大自然的某条河滩边。确实,新闻报道中偶尔会有捕获了珍稀白色青蛙的消息出现。在第一章和第四章中分别介绍过的壮硕的真鲷和牛,大自然中也只是我们暂时没有发现而已。只要仔细寻找,那么在广阔海洋的某个角落或世界的某片牧场之中,应该分别都能找到同样壮硕的鱼和牛。就算不人为地去制造,它也依然会存在,这一点不同于具有除草剂抗药性的大豆等生物——它们融合了其他生物的基因,或是自然界原本并不存在的基因。或许可以认为,基因组编辑只不过是促进突变的手段之一。既然与自然界原本就存在的生物相同,那么也就没有必要实施过分严格的管理,只要采取最低限度的温和管理应该就足够了。

认为基因组编辑应该与基因重组相同对待的一派:"接受过基因组编辑的生物,在处理时应该遵循严格的规定。"

依然延续刚才的例子,自然界确实也存在白色的青蛙,但两种环境下出现的频率却天差地别。按照自然界中的概率,要在几十万甚至几百万只青蛙之中,才会诞生一只白色的青蛙,因此人类也许没有机会目睹。所以,我们的社会中才会存在"青蛙的身体是绿色或褐色的"这样的共同概念。然而,只要采用基因组编辑技术,几十只也好、几百只也好,想制造出多少只白色的青蛙就能制造出多少只。在一个水槽中有大量白色青蛙游来游去,这样的情景在自然界中绝不可能出现,因此也就难以将其等同于自然界所发生的事件了。更何况,它们的基因确实经过了人为的操作。综上所述，理应对其施以与基因重组生物同等严格的管理。

目前，日本凡是涉及实验生物的机构，对于接受过基因组编辑的生物都会施以和基因重组生物同等严格的管理。也就是说，在处理时均遵循最严格的规定。但这只不过是在正式规定出台前的暂时措施，充其量不过是研究人员的自愿行为。那么，各位读者认为应该怎么做呢？

当接受过基因组编辑的食物被摆上餐桌

技术领域单方面的进步，会导致它和社会认知之间产生脱节。倘若两者之间的鸿沟进一步加剧，则很可能成为引发社会混乱的导火索。好比目前世界各国对基因组编辑的研究，开展的前提都是把经过基因组编辑的农作物或家畜当作食物。

水稻和小麦一直都是重要的农产品，所以对它们的基因解析工作早就在进行之中。比如能提高产量的基因、能让茎不易倒伏的基因以及耐干旱的基因等，研究人员已经从基因层面积累了大量研究成果。为了创造出具备这些优异特征的水稻或小麦品种，研究者通常采用的是传统的品种改良方式，例如杂交或是利用能诱发突变的突变原进行育种等。

然而一直以来，将水稻或小麦作为基因重组对象从而创造出新品种的实验项目，虽然在基础研究这个层面上进展得如火如荼，但人们对于通过基因重组制造出的水稻，却从未以普通市民消费为目标，进行过商业栽培。

　　这其中的背景因素在于,基因重组无法瞄准特定位点进行操作,并且从开发转向商业化栽培之间的政策壁垒太过严苛,以至于日本的企业都觉得成本过高而不愿跟进。

　　并且还有另一个重要因素,那就是消费者的感情。基因重组技术一旦被用于每天都要食用的谷物主粮,消费者的抵触心理就会变得非常强烈。所以,迄今为止得以进入市场的基因重组产品主要是玉米或大豆等。即使是在不怎么排斥基因重组的美国,同样尚无针对作为主食的小麦实施基因重组并进行商业栽培的动向。

　　那么,如果是被人们认为比基因重组"更接近自然状态"的基因组编辑技术,是否就有可能用于谷物等农作物或牲畜的品种改良,并进一步作为食品,进行商业利用呢? 这种可能性是相当大的。将我们所积累的有关基因的知识与基因组编辑技术相结合,就能创造出有用的品种。而这种品种改良的速度是如此之快,以往的任何方法都无法与之相比。或许,我们还能开发出具备高度耐旱性质或高产性质等优良特性的农作物来。

　　如今,世界人口已达到 70 亿。根据估计,到 2050 年将突破 90 亿。考虑到食物来源问题,这称得上是一项极其重要的研究。事实上,目前世界各地都正在进行利用基因组编辑对农作物进行品种改良的研究。特别是美国和中国,据说已经取得了极大进展。在农作物方面,水稻和小麦等粮食自然不用提,蔬菜和水果也已成为研究对象;在牲畜方面,还公开过对猪进行品种改良的报告;对水产品的应用正如第一章中所介绍的那样已经展开。虽然无论哪方面都还处于研究阶段,但从世界范围来看,基因组编辑已朝着商业利用迈出了稳健的一步。

　　根据研究人员私下的议论，或许在不久之后，市面上就会出现经由基因组编辑而诞生的农作物产品。这意味着，我们的社会也走到了必须对这项技术做出积极应对的阶段，以免到时措手不及。

基因组编辑不会留下痕迹

　　经由基因组编辑而诞生的食品，还给我们出了一道前所未有的难题——如果只实施了对基因的破坏操作，那么就无法从客观上证明一件产品到底有没有接受过基因组编辑。如前文所述，如果仅仅利用基因编辑将生物的基因破坏掉，那么效果跟自然界所发生的突变是相同的。即使对生物的基因进行检查，也无法区分它到底是接受过基因组编辑，还是发生了突变。现在就以先前的白色青蛙为例，进行详细解说。

　　在庙会的集市上，有一个摊位正在售卖白色的青蛙，许多白蛙在水槽中游来游去。一位客人见到此景便询问道："这种白蛙是怎么得来的？如果是利用基因组编辑所制造，那么在出售之前，是否针对其对环境的影响以及对消费者的安全性进行过验证？"听闻此言，摊主回答道："我家附近的池塘里就有很多白蛙，我只不过是捉来卖而已。你说我的白蛙是用基因组编辑制造的，有证据吗？"

　　凭借如今的方法手段，再怎么检查也无法证明这些白蛙接受过基因组编辑，无论多精密的检测仪器也分辨不出，因为基因组编辑是不会留下痕迹的。换成是基因重组之类的方法，因为或多或少会有基因片段被随机插入各个位置，所以一定能在基因中的某个地方找到痕迹。只要仔细检测，就可以分辨出是否为基因重组生物。但基因组编辑却只精确破坏目标基因，并且经过一段时间之后，连向导 RNA 和 Cas 9 也会被分解掉。所以任何人都无法反驳"这是自然产生的突变"这个借口。

难以否认的是，这种情形也很可能会发生在农畜牧产品上。到底该如何对待经由基因组编辑制造出的农畜牧产品，目前尚无世界通行的原则。长此以往，我们的餐桌上很有可能会在不知不觉间，摆满了接受过基因组编辑的食物。

日本农林水产省目前已开始通过 OECD（Organization for Economic Corporation and Development，经济合作与发展组织），确认那些接受过基因组编辑的农作物目前开发的情况。OECD 以欧洲诸国为核心，共有包括日本和美国在内的 34 个[①]国家加盟。加盟国相互之间信息共享，但公认的对基因组编辑技术最积极的国家之一——中国，却并非加盟国。

正因为如此，人们才必须从现在就开始进行广泛的讨论——该如何看待接受过基因组编辑的农作物和畜牧产品？需要经过怎样的过程，它们才能作为食品获得接受？这些都将成为我们不久之后必须直面的问题。

基因组编辑食品的安全性如何

大多数研究者都认为，如果接受基因组编辑的农作物和畜牧产品

---

① 2016 年 7 月 1 日，拉脱维亚正式加入 OECD，成为第 35 个成员国。——编者注

只有目标基因遭到破坏，那么作为食品，它们比以往经过基因重组的农作物的安全性要高得多。当然，严格的检查还是必要的，得确认是哪个基因遭到了破坏。但它们至少没有融入别的生物的基因，而且对所改变部位的定位也比基因重组技术更准确，不大可能发生意外事件，这些都是认为其安全性较高的理由。

然而即便如此，这些新的产品能否被消费者接受，却还是未知数。那么，要如何解决这个问题呢？我们咨询了在第一章中介绍过的真鲷的研究者——京都大学的木下政人助教。木下助教笑着感慨道："大家果然还是对基因重组食品有抵触啊。"他首先强调了基因重组食品是安全的，然后在此基础上，围绕基因组编辑与基因重组的差异进行了说明。

"以往采用基因重组，需要导入外源基因，但这些基因具体是被插入到了染色体的什么位置，插入了多少，却没法准确检测出来。或许正是这一点，成为引发公众不安的源头。而基因组编辑则只是对原本就存在的基因进行编辑，并且被当作靶点的位置是精确的。'对哪个染色体、在哪个位点上、做了什么样的改变'——这三方面的信息都可以明确公开出来，所以安全性应该是很高的。"

一旦这些产品进入市场实际销售阶段，研究者是不是就能松口气了呢？对于这个问题，木下助教同样以对基因重组产品的抵触为例，表示了他的忧虑。利用基因重组技术制造的农畜牧业产品，其实并没有什么危险性或害处。但在日本，却有一种强烈的倾向，认为"纯天然产品"一定更好。如此一来，带有人工制造烙印的基因重组食品首当其冲，被视作了应当回避的对象。

"我们首先必须对其成分进行细致的分析,搞清楚发生作用的是哪种细胞内的什么基因,这一点非常重要。然后尽可能先让小鼠等实验动物食用,确保其安全性,最后再投放市场。我认为,这样的流程是最合理的。"

而后,对于自己所进行的真鲷研究,木下助教又再三强调:

"我们的研究和基因重组技术不同,并没有引入来自外界的其他基因,仅仅只是抑制了肌抑素这种基因的功能,它在动物之中是普遍存在的。而这种情况在自然界中也经常会以突变的形式发生。所以,关键在于必须把这一点向消费者解释清楚。"

在日本,承担了判断基因重组农作物安全性这项职责的,是厚生劳动省。接受过基因组编辑的食品为了获得市场的准入许可,该履行怎样的手续? 对此,厚生劳动省决定"对个案实行具体情况具体分析",也就是说,无法笼统地"一刀切",必须针对每个案例进行单独讨论,判断是否需要执行和基因重组相同的措施。

基因组编辑成为让大家重新思考该如何对食品安全进行定义的契机之一。

努力实现"安全的基因组编辑"

为了让基因组编辑获得普通民众的认可,筑波大学专门从事植物育种研究的大泽良教授一直在努力进行着推广工作。

大泽教授主要围绕以下两方面展开工作:

其一是建立标准——"食品只要满足什么条件,就可以被认为是安全的"。在普通民众心目中，疑虑很可能只是下意识地产生的——经由基因组编辑诞生的食品"谁也不知道是怎么来的，所以难免有些担心"。对此，大泽教授认为应该建立起一套能让消费者自然而然地认同"这很安全"的标准。

其二，不但要向普通民众普及有关基因组编辑的正确知识，同时还应该调查是什么导致了疑虑。除了召开面向大众的宣讲会，大泽教授也在努力创造机会，向农民和经销商等人士解释制造及贩卖基因组编辑食品的好处。另外，他还组织了数千人规模的网络调查，以便开诚布公地听取普通民众的想法。

大泽教授指出，像基因组编辑这样全新的技术之所以难以获得认可，其背景在于普通民众尚未充分知悉自己所能获得的益处。而他作为沟通实验室与外界的桥梁，希望能充分听取并传达双方的意见，逐步加深相互之间的理解。目前的这些工作仍将持续展开，以期在仍处于研究阶段的食品投放市场之前，能创造出一个民众能够接受新技术的环境。

CRISPR-Cas 9 的归属权之争

在第二章和第三章中，我们已经对第三代基因组编辑工具，也就是 CRISPR-Cas 9 进行过介绍。这是一项划时代的技术，它不仅给研究者的世界带来了震撼，甚至对全社会都产生了巨大影响。但在今后的商业应用中，却存在着无法回避的关键点，那就是专利问题。具备巨大商业潜力的 CRISPR-Cas 9 的专利权到底归属于谁呢？

所谓专利,是国家对发明了新技术的人员给予一定期限的权利保护的措施。也就是说,发明人能够在别人使用 CRISPR-Cas 9 的时候征收专利许可费之类的费用,甚至对于经由 CRISPR-Cas 9 诞生的产品,亦可要求权利。最早在论文中公开将 CRISPR-Cas 9 作为基因组编辑工具使用的可能性的,是杜德娜博士和卡彭蒂耶博士,而张锋博士则在其发表的论文中阐述了 CRISPR-Cas 9 在哺乳动物的细胞中同样有效。双方围绕专利权归属问题展开了长期激烈的争夺战。

杜德娜博士和卡彭蒂耶博士的"伯克利队"于 2012 年 8 月首先发表了关于 CRISPR-Cas 9 的论文,并且早在论文发表之前的 2012 年 5 月,就已向美国专利及商标局提交了专利申请。

研究人员在进行技术开发相关的研究时,如果认为技术具备产业应用潜力,往往会在数据整理完毕、即将发表论文的时候准备申请专利,在提交了专利申请之后再发表论文。伯克利队遵循的就是这一标准流程。

而另一方,由博劳德研究所的张锋博士所率领的"博劳德研究所队",在 2013 年 2 月发表了证实 CRISPR-Cas 9 在哺乳动物细胞中同样有效的论文,比伯克利队晚了半年左右。他们提出专利申请是在 2012 年 12 月,同样迟于杜德娜博士和卡彭蒂耶博士发表论文的时间。也就是说,发表论文和申请专利都是杜德娜博士和卡彭蒂耶博士这一方更早。然而在这之后,事态却变得越来越复杂。

博劳德研究所队的专利获得了美国专利及商标局的授权,因为他们利用了能够通过缴纳额外费用换取优先审查的"快速通道"(fast track)制度。据说,博劳德研究所队还提供了实验记录作为证据,以证明其比伯克利队更早开始研究 CRISPR-Cas 9 技术。

美国一直以来的原则都是将专利授予最先发明的人，这被称为"先发明原则"(first-to-invent principle)。哪怕后提出申请，只要能证明实际发明时间在先，就能获得专利权。对于这一结果，伯克利队当然无法保持沉默，他们针对博劳德研究所队已获授权的专利以及在此基础上新追加的 11 项专利，向美国专利及商标局提出上诉，请求进入专利争议程序，以审判的形式裁决谁才是真正发明者，即"抵触审查程序"(interference proceeding)。美国专利及商标局于 2016 年 3 月接受了该请求，并在之后听取来自双方的 CRISPR-Cas 9 开发证据，以便做出判断。

对想要利用 CRISPR-Cas 9 进行商品开发的企业而言，专利问题的裁定结果是非常值得关注的重要事项。纯学术研究自然另当别论，但只要是以盈利为目的进行商品开发，就不得不围绕开发阶段及所销售商品的专利许可费用进行谈判。在专利的最后归属尚未明确之前，企业在使用 CRISPR-Cas 9 时肯定会感到不放心。

美国从 2013 年 3 月开始，将专利申请的制度从"先发明原则"改为了"先申请原则"(first-to-file principle)，也就是将专利授权给最先提出申请的人。而恰巧，发生在制度变更前夕的这场专利纠纷，任谁都能看出其背后蕴藏的巨大商业利益。这足以令双方在今后漫长的争夺战中"寸土不让"。

诺贝尔奖将花落谁家

除了专利引发的纠纷之外，还有另一个需要解决的重要问题，那就是诺贝尔奖的归属。CRISPR-Cas 9 从发现至今不过短短数年，却已经成为许多人心目中的诺贝尔奖潜在候选。评选诺贝尔奖的瑞典皇家科学院，在授予奖项时最为看重的一点就是"谁是研究的原创者"。他们会对奠定了最初基础的重要研究进行科学性的考察，并将对象限定在三人以内。因此，并不是只有著名科学家才成为获奖对象，有时候正因为获奖者本来默默无闻，才引起轰动。

2002 年，岛津制作所的田中耕一先生获得诺贝尔化学奖，就恰恰印证了上述背景。田中先生在使用激光测定生物高分子质量的技术开发中做出了基础性的成果，因此而获奖，但他在该领域原本只是一位无名小卒。在接到诺贝尔基金会打来的通知获奖的电话时，他还曾一边道谢一边在心里想着"居然还有和诺贝尔奖重名的奖项啊"，这个小插曲在科学界流传甚广。诺贝尔奖在授奖前对于确认原创来源的坚持，由此可见一斑。

那么，在以 CRISPR-Cas 9 和基因组编辑为对象颁发诺贝尔奖时，登台领奖的到底会是伯克利队还是博劳德研究所队，抑或是双方平分呢？这一悬念因为暗示了专利的归属而备受关注。

目前还有一种趋势，就是直接跳过因专利而产生的纠纷，世界各地的研究者们竞相寻找着超越 CRISPR-Cas 9 的新物质，争取自己获得专利。

博劳德研究所队在 2015 年公开了一种方法，使用的是与 Cas 9 不同的酶——"Cpf 1"。另外，他们还试图从细菌中找到更小的酶。酶越小，在进入细胞时所承受的负担也就越小，因此也就越易于使用。这项研究极有可能获得新的专利。

改造人类

应该有很多人都听说过"定制婴儿"一词吧。通常而言,这指的是在受精卵阶段接受基因操作,从而具备符合双亲喜好的特征的孩子。

个子要高一点,挑选喜欢的瞳孔颜色……在诸多科幻小说或电影之中,这样的场景屡屡出现。科学家们一直认为,这些归根到底也不过是科幻世界中的想象,以往并无可令定制婴儿成为现实的技术,所以这也不是什么迫切的社会问题。但如今,情况却已完全不同。利用基因组编辑,人们就完全有可能从技术层面将"定制婴儿"化为现实。

2015 年 4 月,一条新闻震惊了世界。位于中国广东省广州市的中山大学的一个研究小组发表了一篇论文,称其以人类受精卵为对象,使用基因组编辑技术,对与引发重度贫血的"β-地中海贫血症"(β-mediterranean anemia)这一血液病相关的基因进行了修改。这次实验所采用的是无法正常发育的受精卵,而且并未植入子宫,所以不可能孕育出人类胚胎。但以人类受精卵为对象进行基因组编辑这一事实的公开,还是引发了轩然大波。

NHK 也用大篇幅报道了这一消息,同时,许多机构都做出了回应。美国白宫发表声明称:"政府坚信,以临床为目的对人类生殖细胞系实施基因修饰,是目前绝不能跨越的底线。"日本和美国的基因细胞治疗学会表示:"现阶段,凡是进行过基因组编辑之后还试图让接受了基因修饰的受精卵生长发育的研究,都应当被禁止。"除此之外,主导了美国医学研究的美国国立卫生研究院(NIH)也澄清了"不会资助对人类受精卵实施基因修饰的研究"的立场。

人类受精卵是卵子和精子结合的产物,它在子宫中会反复进行细胞分裂,最终发育成婴儿。对它进行基因组编辑,和对普通体细胞进行编辑的意义是截然不同的。

所谓体细胞,指的是能够分化成肌肉、脂肪或神经等各种细胞,进而构成人类躯体的细胞。为了治疗疾病而对体细胞内的基因进行操作,这样的临床应用早已普及。比如,对那些由于基因突变而导致丧失免疫能力的重病,可以将接受过基因组编辑的免疫系统的细胞输回人体,从而起到治疗效果。这种类型的基因修饰,只会对接受治疗的患者本人起作用,并不会遗传给他的孩子。

然而如果将实施基因修饰的对象换成生殖细胞系,也就是卵子、精子以及受精卵,则情况将完全不同。他的子辈、孙辈乃至之后的每一代,都将继承这个经过修改的基因。

人为制造出能够影响子孙后代的基因,是否会导致伦理方面的问题？我们真的能够断言,将来不会产生什么难以预料的后果吗？当下我们所面临的,正是"改造人类"这一大是大非的问题。

意见分歧——对人类受精卵进行基因组编辑

随着采访的深入,我们发现,对于中国中山大学所进行的人类受精卵基因组编辑研究,人们的评价存在着两极分化的现象。部分研究者冷静地接受了这一研究,他们指出,该研究并没有把接受过基因修饰的受精卵重新植入子宫,并且从科学层面证实了如果想对人类受精卵进行基因组编辑，尚存在如脱靶效应之类的诸多技术问题，因此其在流程上并无问题，具备科研价值。

而另一方则对该研究持批判态度。他们认为，被中国研究小组选为研究对象的β-地中海贫血症，本身并不是无药可医，所以研究基因修饰就没有太大的意义。换言之，说不定这些人只是认准了对人类受精卵进行基因修饰这一行为，"为了做而做"。

2014年，我们在首度制作以基因组编辑为题材的节目时，曾关注过是否有可能对人类受精卵进行基因组编辑。而在那之后仅仅5个月，中国中山大学的研究组就发表了相关的论文。采访期间，也曾有专家告诉我们"没必要现在就操心对人类受精卵进行基因组编辑的事"，但我们在节目中仍然指出，"或许言之尚早，但这个问题确实非常重要"。而一切问题却在突然之间被摆到了眼前，让我们深刻地感受到现实的发展速度远超人类的想象。毫无疑问，即使是可以冷静接受中国的研究的科学家，也会因为"一夜之间就迈入了'改造人类'有可能成为现实的时代"而感到迷惘。

从观众反馈的感想来看，有不少人都在期待技术进步的同时表达了不安。比如"研究者不会失控吗？"或是"总得有些监管吧？"而且，大多数反馈意见的人都觉得"有必要制定出国际通行的规定"。

毫无疑问，基因组编辑是一种极有可能在食物、医疗以及能源等问题上做出巨大贡献的有益技术。关于这一点，本书已经反复强调过。但是，如果规则缺失，且反复发生令普通民众感到不安的案例，恐怕就会错过推广技术应用的契机。研究人员自身也正在寻求一种能正确控制这项技术的模式。

"人类基因组编辑国际峰会"的召开

中国把人类受精卵当作研究对象这件事，彻底改变了基因组编辑的发展状况。该技术带来的不仅仅是巨大的成果，更有诸多伦理方面的问题。这已经变成了现实的隐患，越来越多的人开始讨论对于放任这项技术自由发展的危险性。在运用基因组编辑的研究者社群中，甚至已经萌生了"再不对大众的顾虑做出回应，将很可能令这项技术承受超出必要的规制"的危机感。

反应特别迅速的是美国的科学团体。美国国家科学院正努力争取就人类受精卵基因组编辑一事达成共识。自 2015 年夏天开始，就有风声传出说，基因组编辑界的权威人士正在策划召开一次国际性的会议，且已进入具体协商阶段。

那么这次的国际峰会，是否会得出禁止将这项技术应用于人类受精卵的结论呢？会议在众多相关人士的关注之下召开了。

2015 年 12 月，为期三天的"人类基因组编辑国际峰会"在美国首都华盛顿特区拉开了帷幕。主办方由美国国家科学院、英国皇家学会以及中国科学院三方联名担任。

在会议上，来自世界各地的基因组编辑的大师与一线生物伦理学家齐聚一堂。日本方面也有数名研究者参加会议。北海道大学的石井哲也教授登台发言，针对伦理方面的课题发表了意见。

■ 由美国、英国和中国的学术团体为主召开的"人类基因组编辑国际峰会"。来自 20 余个国家和地区的数百名研究人员参加了会议。

阿西罗马会议和《卡塔赫纳生物安全议定书》

围绕对基因进行操作的技术，召开如此规模的国际会议并不是第一次。在基因重组技术诞生的 20 世纪 70 年代，也曾召开过类似的国际峰会。1975 年，因为预感到如果在缺乏监管的情况下不断制造基因重组生物，很可能会对由多样化的生物所构成的丰富的地球环境造成无法挽回的影响，所以科研人员曾在美国加利福尼亚州的阿西罗马召开了"阿西罗马会议"。

经由阿西罗马会议所讨论的议题，就此成为各国在进行基因重组研究时的指导方针，并进一步发展成为《卡塔赫纳生物安全议定书》。截至 2014 年 10 月，已经有超过包括欧盟在内的 160 个国家和地区签署了该项协议，日本当然也是缔约国之一，并且以该条约为基础，在国内设立了《卡塔赫纳法》。该法认可基因重组技术有可能为人类的幸福做出巨大贡献，同时亦针对基因重组产品的进出口和安全处理程序等做出了规定。我们在本章开头也已经提及，在研究现场，使用基因重组生物进行实验或对其进行生长培育时，该如何根据这一法规进行处理。

当时的科学家们充分发挥领导才能，自发举办了大规模的国际峰会以整理思路，随后又制定出规则。可以说，他们在保护大自然多样性方面达成共识的同时，也建立了民众对研究者的信赖。

对重视研究自由的研究者而言，自发制定规则以便进行监管是非常罕见的事例，或许是因为自阿西罗马会议以来，研究者们心中始终存在着危机感。人类基因组编辑国际峰会让我们感受到了科学家们坚定履行社会责任的决心。

人类基因组编辑国际峰会的声明

人类基因组编辑国际峰会在为期三天的讨论结束之后，发表了一项声明，大致内容如下：

对人类生殖细胞或受精卵进行基因组编辑，如果是为了进行基础研究，应当遵守适当的法律和伦理规范。但对于临床应用，也就是需要植入子宫的临床研究或治疗，不仅在技术层面存在不成熟或发生错误的风险，而且还难以预测是否会引发负面事件。同时声明进一步指出了基因组编辑对未来世代的影响，基因一旦经过修改就难以复原，

149

其影响不会局限于单一国家或地区等诸多关键点。总之，在无法满足对安全性和有效性的确认并且无法达成社会层面的共识的前提下，对人类受精卵或生殖细胞进行基因组编辑并将其用于临床，是不负责任的行为。

该项声明的特征在于，在禁止将接受过基因组编辑的生殖细胞或受精卵植回子宫进行临床应用的同时，却也认可"应该展开"基础研究。另外，声明还提出有必要建立国际论坛来展开后续讨论，这为未来实现临床应用留出了道路。

也有研究者表示，这其实只是踩下刹车以暂缓必须做出结论的期限罢了。随着基因组编辑在技术层面的不断发展，我们迟早会步入对受精卵或生殖细胞进行基因组编辑的阶段。做出这一设想的理由是十分充分的。而这一天一旦成为现实，必将诞生前所未有的崭新的医疗技术，也可能创造出巨大的市场价值。面对基因组编辑有可能带来的恩惠，研究者们一直试图在期待与不安之间艰难地保持平衡。

使用人类受精卵进行基因组编辑的多个案例

英国的弗朗西斯·克里克研究所（Francis Crick Institute）在2016年2月宣布，其已从该国的独立行政机构获得批准，可以开展以解析人类胚胎发育机理和治疗不孕为目的的、对人类受精卵进行基因组编辑的研究。在这一案例中，接受过基因组编辑的受精卵不会被重新植入子宫，充其量只能算是基础性研究，但这个案例却很可能是全球首例获得国家批准的使用正常受精卵的研究。今后，在遵循"绝不将受精卵植入子宫"这一条件的前提下,类似的以开发各种疾病的治疗方法为目的的基础性研究或许将广泛开展。

在同年 4 月,又有新的研究报告宣布,中国广东医科大学的课题组对人类受精卵进行了可令其免受 HIV(艾滋病毒)感染的基因组编辑操作。这个课题组并不是在 2015 年 4 月对人类受精卵进行基因组编辑的中山大学的研究小组,但这项研究同样属于基础研究的范围。因为这是发生在人类基因组编辑国际峰会明确了在遵循适当原则的前提下应当展开基础研究之后的事,所以并未造成太大冲击。由此可见,中国正积极进行针对人类受精卵的基因组编辑的研究。

那么,我们到底有没有可能像"定制婴儿"那样,通过对人类受精卵进行编辑,来改变个体的特征呢? 不乏有研究者认为,做到这一点并没有这么容易。毕竟受到基因控制的特征,往往并不是由单个基因决定,而是由多个基因共同决定的。

基于这一思路,为了搞清楚基因之间复杂的相关性,基因组编辑仍在不断进行技术革新,能同时修改多个基因的技术也在开发之中。特别是 CRISPR-Cas 9,一直被认为是适合一次性修改多个基因的技术。有报道称,在某项使用猪的实验中,研究者曾一次性瞄准 60 多个基因的位点,同时进行了修改。

日本政府的态度

日本同样召开过讨论该如何看待对人类受精卵或生殖细胞进行基因组编辑的会议,也就是日本内阁府所召开的综合科学技术创新会议（Council for Science，Technology and Innovation，CSTI）中的生命伦理专门调查会。这次的专门调查会规范了日本该如何从规章准则的层面对基因组编辑进行把握。

其中最关键的一点在于，对受精卵或生殖细胞进行基因修饰，这在另一本尖端医疗指南中是被明确禁止的。《基因疗法临床研究指南》中的规定为：不得进行以人类生殖细胞的基因修饰为目的的基因疗法的临床研究，以及存在导致人类生殖细胞的基因发生改变的风险的基因疗法的临床研究。

如果把应用于人类的基因组编辑当作一种基因疗法，那么将接受过操作的受精卵或生殖细胞植入子宫，这种做法本就是被禁止的。即便如此，专门调查会还是以"中期报告"的形式公开发表了意见，在人类基因组编辑国际峰会的意见基础上，表现出了更为谨慎的立场。

对于基础研究，专门调查会遵循的是"某些情况下允许进行"原则。与人类基因组编辑国际峰会的"应该展开"相比，这种限制更多。并不是什么都能做，只有在经过充分调查，确定有必要的情况下才能做。对于临床应用，专门调查会在阐明了目前在技术方面仍存在问题的同时，亦提及了社会层面的考量。报告指出："还应该考虑到，基因是来自人类祖先的宝贵遗产，比起因为在当今社会的生活有所不便就拒绝将其遗传给下一代，我们更应该做的，是创造出能坦然接受这些不便的社会。"因此他们不允许将这项技术应用于临床。另外，专门调查会还希望能通过公开这一讨论结果，进一步提高公众对这项技术的关注度，同时积极引导研究者社群从科学、伦理及社会的角度展开讨论。

　　希望在"改造人类的时代"到来之前，我们的社会能够完成一场成熟的讨论。

对临床应用的假想

　　因为感受到了社会对于基因组编辑的关注程度不断提高，NHK从 2015 年 9 月开始，围绕基因组编辑这一主题播放了 8 集的系列电视剧，名为《定制婴儿——速水警官产假前的疑难案件》。它是以生殖医学的禁忌，即"人类受精卵的基因操作"为主题的科学悬疑剧，直面了"定制婴儿"这一伦理挑战。故事的原作者是妇产科医生兼作家冈井崇，原作发表于 2012 年，并未包含涉及基因组编辑的故事，但制作方希望能与最新的基因操作信息相结合，故对剧本进行了更新。读者之中或许有人还记得，电视剧的主人公是一位即将休产假的女刑警，由黑木明纱扮演，她精湛的演技曾在当年掀起热议。

　　为了编写剧本，剧组的工作人员曾对妇产科医生进行过采访。医生们纷纷表示："希望能站在治疗绝症的立场上，对受精卵基因组编辑技术加以考虑。"

　　随着技术问题的克服以及社会需求的增加，如果真的到了允许对人类受精卵和生殖细胞进行基因组编辑的时候，在临床应用方面，它将会以什么样的形式实现呢？最开始的病例，或许是把除了采用基因组编辑之外别无他法的致命基因突变作为对象进行操作。如果是为了拯救无法治疗而只能等死的孩子，对人类受精卵进行操作的伦理障碍或许就会比较低。估计在初期阶段，类似病例将不断积累，然后这项技术的使用范围也将随之扩大，逐步被应用到癌症、慢性疾病以及随年龄增长而增加的疾病的治疗上。这都是为了让人类能过上更健康、更幸福的生活。

我们到底能不能判断出，那条绝不能跨越的底线是否存在，能不能对其加以控制呢？

如何看待科学技术的进化

在和某位研究者聊天时，我曾听他无意中透露过真实的想法："我有时候会感觉，自己所使用的或许真是一项非常了不得的技术。"

就在 CRISPR-Cas 9 出现的差不多同一时期，新闻中曾报道过这样一场科学讨论。讨论围绕一篇论文展开。论文通过实验揭示了对高致病性禽流感病毒"H5N1"的某个基因位点进行修改，可导致其获得感染哺乳动物的能力。

高致病性禽流感病毒原本只会在禽类之间相互传染。然而病毒一旦发生变化，能够传染给人类，就会引发全球性大流行，也就是瘟疫（pandemic），最终将导致无数人死亡甚至引发社会动荡。"H5N1"是此类病毒之中最值得警惕的一种。美国生物安全科学咨询委员会（NSABB）建议，最好不要公布某些过程的详细信息，他们担心相关论文中所公开的内容有可能遭到恶意使用，从而导致人为引发的瘟疫流行。一言以蔽之，就是为了防范生物恐怖袭击。

基因组编辑同样可以被用来制造生物武器。毫无疑问，这确实是一项有可能给人类带来伟大利益的技术。但正因为它太过伟大，所以一旦被滥用，将引发极其可怕的后果。为了避免发生这种状况，科学界以及相关方面的人士都希望通过双方齐心协力的工作，能让民众建立起对这项技术以及对科学界的信任。

2016 年 5 月，美国前总统奥巴马访问了广岛。在参观过原子弹博物馆之后，他于和平公园发表了感言。奥巴马总统在发言中提到了科学技术的发展方式。虽然他指的是原子弹的发明与使用，但同样也提醒了我们，应该认真思考当前科学与社会之间的关系。

"借助科学，我们得以实现大洋两岸的即时交流，得以飞上天空，得以治愈疾病，得以探索宇宙。但同样是科学，有时却也能成为高效的杀人工具。我们从近代的战争之中领悟了这个真理……一旦人类的社会变革无法跟上科技进步的脚步，那么总有一天，科技将带来毁灭。我们在完成实现核裂变的科技革命的同时，也在寻求着道德的革命。"

给日常生活带来便捷的智能手机、摆满来自世界各地食材的餐桌、居家过日子离不开的电器……我们的生活到处都充斥着科学技术所带来的恩惠。或许正因为如此，我们才需要不时地回顾来路，以确保社会的进步与科技的发展保持协调的步伐。

为了造福人类

如今，科学和技术正相互产生影响，发展速度呈指数级递增。

以往几十年难遇的重大发现，现在每隔几年就会诞生。基因组编辑的 CRISPR-Cas 9 正是这样的发现之一。无论在哪个时代，生命科学领域的革命性技术都会给社会带来不安。而且越是重大的发现，这份不安也会越强烈。

然而，我们迈入科技高速发展的时代的日子尚短，几乎完全没有掌握该如何应对这种不安的方法。

在生命科学领域，若论对社会造成冲击的重大发现，最近的当属iPS细胞的发现。京都大学细胞研究所制订的战略之中的某些部分，亦可为我们思考基因组编辑的未来提供参考。iPS细胞研究所坚决遵循将技术"用于患者的治疗"这一原则，尤其在除了利用iPS细胞进行治疗之外别无他法的开发及临床应用方面，可称得上是全力以赴。到目前为止，他们一直在努力开发那些被制药公司认为"无利可图"而忽视的、患者数量稀少的罕见病的治疗方法。

同时，"严肃"也很重要。有些研究者为了从国家申请到研究经费，会采取一些技巧，比如选择容易获得社会认可或是听起来顺耳的课题作为研究目标，类似的事情屡见不鲜。但社会所真正需要的，恰恰是与之相反的态度。倘若是只有依靠基因组编辑才能实现的课题，即使再困难，也应该坚持下去。而对于并非太迫切的课题，如果仅因为"很可能成功"这样的理由就频繁动用基因组编辑技术，那么社会民众将为此而感到忧虑。另外，还应该鼓励研究者在造成了危险事故的时候，主动鼓起勇气及时报告。当然，要做到这一点，或许还需要建立起配套的场所和机制。

伴随着基因组编辑这项技术的诞生，人类刚刚推开了一扇全新的大门。而展现在我们眼前的，是无限广阔的可能性。已经被推开的大门不可能重新关闭。我想，期盼这条道路能够通向人类幸福的未来的人，应该不仅仅只有我。

结　语

基因组编辑所带来的变化不仅仅体现在技术进步上,人与自然之间的关系也正随之发生变化。这一过程或许可被称为"生命的工具化"。

人类曾以原野和山林中的果实为食,作为自然的一部分而存在。然而随着文明的发展,人类创造出了农作物和牲畜,同时构建起了人类社会,划分出了城乡,以此保护自身,远离危险的动物,应对干旱和暴雨,尽可能地消弭来自大自然的影响,不断努力建立安定的社会。对于神秘的大自然,人类在心怀敬畏的同时却也始终在与之对峙。到了今天,即使文明已经高度发达,人类与自然之间的关系却基本没有改变。

基因组编辑技术的登场,是否令这种状况发生了改变?我们得以对自然界中的某些生物赋予全新的特性,令其能被人类社会加以利用。如此一来，将会有远超以往数量的生物，作为对人类有用的工具而被引入人类社会。人类把其他各种生命当作工具来使用，借此进一步扩张，与自然界之间逐渐构建起新的关系。

什么最能代表科学的发展？合成以及读取碱基序列的技术获得了飞跃性的发展，并且人类搞清楚了干细胞等维持身体的机制，对免疫和癌症的研究也在继续。随着对个别生命现象的解析和理解的深入，人们获得的信息量正在史无前例地剧增。翻开生物学教科书，几乎每一页都写有新发现。

那么，我们是否已经解开了生命的谜团？

从结论而言，其实自然界到处都存在着现阶段的生命科学无法解释的问题。我们知道得越多，谜团却也随之增加得越多。我们连远古时代生命到底是如何诞生的都还弄不清，连区区大肠杆菌也无法人工制造出来。生命是如此复杂，如今我们所了解的根本只有皮毛，所以更别提由无数生命相互产生复杂影响而构成的自然环境了。

对于该如何对基因组编辑进行应用，我们首先必须充分地意识到，人类对生命和环境的理解还十分肤浅——一切的行动都应该基于这一认识。或许，我们也可称之为"谦虚的态度"吧。

在终于即将完成本书写作的时候，我又收到了一条新闻，报道的是宾夕法尼亚大学的研究小组为使用 CRISPR-Cas 9 治疗癌症，申请了临床试验，他们提交的手续之一已经获得了批准。他们向美国国立卫生研究院(NIH)的重组 DNA 咨询委员会(RAC)提出申请，希望以治疗癌症之一的黑色素瘤或肉瘤等为目的，开展基因组编辑的临床试验。该治疗方法是从患者的免疫系统中提取出 T 细胞，利用 CRISPR-

Cas 9 进行基因组编辑,然后输送回患者体内,以攻击癌细胞。这项申请之后还将进一步提交给大学的伦理审查会等部门。基因组编辑在医疗方面的应用已经走到了这一步。在不久的将来,在医疗方面之外,一定也还会出现各种超乎想象的对基因组编辑的利用方式。

　　基因组编辑向我们展示了一个全新的世界,同时改变了人类与自然之间的关系。若一味套用传统的规则和思维方式,将无法理解这个新世界,亦无法展开探索。这不仅仅是针对研究者,也包括我们大家。如今,我们必须尽快建立起"基因组编辑时代"的全新价值观和伦理观并与社会共享,因为在这项技术所开创的新世界中,属于全人类的探险早已扬帆起航。

NHK 广岛放送局新闻主管　松永道隆

访谈 "为了站在生命科学的前沿"——山本卓

> 山本卓，日本基因组编辑方面的大师级人物，他一边回顾自己迄今为止所进行的研究，一边针对基因组编辑的现状以及未来前景侃侃而谈。
>
> （NHK＝NHK"基因组编辑"采访组）

与基因组编辑的邂逅

NHK——山本先生如今作为基因组编辑技术的领跑者而闻名，但您原本进行的是哪方面的研究呢？

我的专业是动物发育生物学，研究对象是海胆，研究主题是从分子水平解析海胆的各种细胞在发育初期是如何诞生的。海胆的胚胎在 3 天内就能分化出十余种细胞，而我所研究的就是这个过程的机制。

说句题外话，在动物发育生物学的世界里，海胆是最常用的模型生物之一，理由有二：首先，它的胚胎是透明的，直接就能看见细胞的分化过程，因此比较容易搞清楚其中存在哪些蛋白质；其次，它能够大批量地繁殖。

话题回到研究上，大概是在 2000 年左右，出现了一个重要契机，也就是对报告基因（reporter gene）的成功运用。所谓报告基因,指的是能够被融合到目标基因之中,以便鉴定出所瞄准的基因是否进行了表达的基因。其中最有名的要数被称作"绿色荧光蛋白质"(GFP)的蛋白质,它在受到特定波长光照的时候会发出绿光。

当时,我与广岛大学的同事、物理专业的柴田达夫老师(理化学研究所、生命系统研究中心成员)一起,决定利用这种报告基因以及海胆,展开一项新的研究。之所以需要物理学家和生物学家合作,是为了监测并定量掌握基因表达的情况。

如果采用当时常规的基因重组技术,同样能引入报告基因,但会不小心插入目标之外的位点。于是我们就想,能有什么办法,让报告基因只插入到我们想要检测的那一个基因中去,只在那一处位置上发光呢?

NHK——于是就这么邂逅了基因组编辑?

我找了自己研究组的落合博君(广岛大学特任讲师)以及隔壁实验室的铃木贤一君(广岛大学特任副教授)等人讨论,想看看有没有什么容易操作的技术,结果就发现了介绍基因组编辑第一代 ZFN 的论文。我们想,说不定可以利用这种酶,将报告基因插入所瞄准的位点。我无论如何都想尝试一下这种方法,但却从一开始就遇到了障碍——当时 ZFN 没有商业销售,所以找不到获取的途径。最后,我们决定自己制造。这就是我与基因组编辑邂逅的经过。

对了,在那之后没过多久,ZFN 就能买到了,但售价高达 300 万日元(约合 18 万元人民币),我们就没买。毕竟如果花那么多钱,足够我们自己制造出这种能单独瞄准目标基因进行修改的酶了。

基因组编辑工具的免费获取

NHK——所以是没钱才决定自己做啊(笑)。

对(笑)。想要只让目标蛋白质发光从而体现出表达度,只有利用基因组编辑实施切断并插入报告基因这一种方法。因此我们无论如何都必须弄到 ZFN,但又付不出 300 万日元。于是,我就和同样感兴趣的落合君一起,决定自行制备了。

这个领域最有意思的地方在于,只要是为了进行基础研究,就可以免费获取已开发出的工具。也就是所谓的"开放式创新"(open innovation)理念。这种模式进一步加剧了研究开发的竞争。基因组编辑技术之所以能展现出超乎常理的革新速度,正是源自于此。

ZFN 也不例外。工具本身有外国人开发的产品作为来源,可以免费提供。不过为了能与靶点特异性结合,还必须进行设计工作并为此支付相当高昂的费用。委托定制的话需要 300 万日元,但整个操作过程确实非常麻烦,事后想想,我觉得这个价格其实也算不上太贵。

NHK——ZFN 的设计工作进展如何？

我们使用大肠杆菌进行试验。为了让 ZFN 在大肠杆菌之中能顺利地转化为所需的形态，就要进行基因重组。试验所需的 ZFN 大约是由 30 个左右的氨基酸排列构成。想要将这么多个氨基酸连接起来并使其顺利发挥作用，真的是相当难的一件事。不过落合君只花了两年时间就完成了这项工作。

2010 年，我们成功地用自己制造的 ZFN 破坏了基因，并发表了论文。基因组编辑可以完成两件事，一是破坏基因，也就是"基因敲除"；二是插入基因，也就是"基因敲入"。

我们的初衷是在海胆中插入报告基因，将其作为监测指标，所以到这一步，还只能算是半成品。

在那之后我们继续研究，总算是实现了报告基因的插入。在发育过程中，被瞄准的细胞发出了美丽的光。接下来我们就要检测光线的强弱变化，也就是每个细胞是如何发光的。细胞刚开始分化时，几乎不存在变化。但到了稳定阶段就能观察到一定程度的闪烁。我们在 2012 年的论文中对这一现象进行了总结。

距离当初决定使用 ZFN 进行研究已经过去了 5 年，我们才终于走到了这一步。

CRISPR-Cas 9 的冲击

NHK——在 ZFN 之后，又进一步诞生了 TALEN 和 CRISPR-Cas 9

　　这两种基因组编辑工具。

　　我们花了两年时间终于成功地利用 ZFN 实现了基因破坏，但到了 2011 年，TALEN 出现了。落合君拿着介绍 TALEN 的论文对我说道："这个，我们真的没法战胜啊。"在此之前，我们满心想着的可都是"今后就是我们的时代了！"（笑）这是自从开始基因组编辑的研究之后，我们所遭受的第一次打击。不过话说回来，这毕竟是一项非常有潜力的技术，所以我们把 TALEN 也列入了研究计划之中。

　　第二次打击则是 CRISPR-Cas 9 的出现。我们立刻就意识到，它"是一种完全不同的境界"——利用细菌之中作为 DNA 摹本的 RNA 进行匹配并找出目标基因，也就是用 RNA 进行"识别"，这真是令人大开眼界。毕竟这一现象其实是科学家们众所周知的。但即便如此，我们最开始看到它的时候却仍倾向于"还是先不要换成这种新技术，先继续使用已经被运用于产业界的成熟的 TALEN 吧"。

NHK——具体而言，CRISPR-Cas 9 的革命性到底体现在哪些方面？

　　无论什么人都能完成操作，而且成本很低，所以易于推广普及。但对研究者而言，CRISPR 库（Crisper library）所造成的冲击更加强烈。基因组编辑技术因 CRISPR-Cas 9 的诞生而得以向所有研究人员敞开大门，但它的进一步发展则依托于 CRISPR 库。

基因组编辑的可能性,正以一种可称得上是不同次元的速度在不断扩大。

我来介绍一下它的机制吧。所谓 CRISPR 库,可将其理解为总共能破坏几万个不同基因的病毒的集合。对每一个病毒,都分别链接上一个能破坏某特定基因的 CRISPR 的向导。当其进入细胞之后,几万个向导 RNA 就将分别破坏与其相对应的唯一一个基因。

简而言之,大概就是把原本需要在几万个培养皿中进行的实验,放到一个培养皿中一次性完成了。如果用其他方法,研究者必须准备几万个培养皿,然后逐一进行实验。

虽然 TALEN 也可以同时使用多个进行试验,但却没法一口气制造出几万个来。相比之下,要制造更多的 CRISPR 向导则要容易多了。使用 CRISPR 库就能一次性完成上万种基因的解析,真是太壮观了。

NHK——于是您就把进行基因组编辑的技术换成了 CRISPR-Cas 9吗?

今后 CRISPR-Cas 9 肯定会逐渐成为主流,不过 ZFN 和 TALEN 也依然具有使用价值,比如在产业方面。假设破坏某个基因就能创造出有用的品种,那么选择 ZFN、TALEN 或是 CRISPR-Cas 9 都可以。只要能单独停止某个基因的功能,当然是哪个便宜就选择哪个了。ZFN 同样是一种不错的技术,至少不像 CRISPR-Cas 9 和 TALEN 那样存在知识产权方面的问题。它的专利保护期限已过，这是个相当大的优势。

CRISPR-Cas 9 操作简单效率又高，可以同时对多个基因进行编辑，确实是一种很实用的技术。但从产业化的角度进行考量，ZFN 的优势在于其具备高效的制造体系。

另外到了 2015 年，继使用 Cas 9 这一蛋白质作为工具之后，又出现了基于叫作"CPf 1"的新型蛋白质的技术。据说它有可能获得不同于 CRISPR-Cas 9 的专利授权。它是通过对至今为止从未有人研究过的微生物进行海量筛选（从基因组之中找出目标基因的操作）而寻找到的。

从研究者变成开发者

NHK——对您自己而言，是否对基因组编辑这项技术本身的兴趣比对它的应用更大？

我对自己的定位，应该是一名纯粹的"开发者"。我所感兴趣的是基因组编辑工具这一事物本身，也就是对能应用于生命体的技术的开发工作。用电脑来打比方的话，应该算是其中的"硬件"部分吧。

反之，把"软件"当成使用这项技术的应用研究，就比较容易理解了。制造经过基因修饰的患病小鼠呀，解析某个基因的作用机制呀，像这样进行类似于软件研究的人，或许可被称为"用户"（user）。

多数研究者都属于操作"软件"的"用户"。毫无疑问,"用户"肯定是喜欢容易上手的工具。那么 CRISPR-Cas 9 自然是其中之最。最终引领研究潮流的一定会是傻瓜型产品,就跟 iPhone 是一个道理(笑)。

NHK——山本先生最初也是为了解析海胆的基因才开始进行基因组编辑的吧? 那么您原本也是站在用户的立场上的。可否告诉我们,促使您转变为开发者的契机是什么?

2010 年之后,我们首先制造出第一代的 ZFN,然后又开始制造第二代的 TALEN,实验室逐渐积累起了相关操作经验。与此同时,我们和研究人员志愿者一同举办了名为"基因组编辑联盟"的研讨会。结果参会者异口同声地表示:"希望我们的实验室也能进行基因组编辑。"直到此时我才真正意识到,想要精确地破坏目标基因到底有多困难,并且强烈地感受到了大家对于技术诀窍(know-how)的需求。

自此,我便开始了对基因组编辑工具的开发和供应,至今仍时不时地会收到"我想把这个用于某方面的研究"这样的问询。作为我自己,只要对研究内容感兴趣,即使只是小规模的研究,我也愿意尽力协助。出于这种想法,我和实验室的佐久间哲史特任讲师一直在进行研究支持。

现在,随着 CRISPR-Cas 9 的出现,情况已经有所改变。正如先前所说,CRISPR-Cas 9 真的是一种简单到任何人都能够完成操作的技术。我们也并不打算与之对抗，而是把开发方向转向了基因被切断之后，到底能完成多么精密的修改这一方面。其他正在进行的研究还包括，针对在基因疗法的研究中不可或缺的患病小鼠（疾病模型）的制造方法，进一步改良其技术关键。

到了 2016 年，大阪大学的真下知士副教授开发出了新的基因敲入方法。简单进行说明的话，就是能够对小鼠或大鼠等动物的受精卵实施比以往的规模大 100 倍左右的基因敲入。在我的印象中，真下老师也应该是更接近开发者，而非用户。

基因组编辑学会的成立初衷

NHK——2016 年 4 月，山本先生担任法人代表，成立了基因组编辑学会。

2010 年的时候，我们经过反复尝试，终于使用 ZFN 成功破坏了基因。而当时最令我们感到困扰的便是身边几乎找不到能作为参考的先行研究。所以我觉得，如果基因组编辑能被更多的日本研究者利用起来，那么自然就能通过讨论来加深对该项技术的认识。

于是我开始通过论文数据库进行检索，寻找使用过 ZFN 的研究者。结果发现，京都大学医学部的芹川忠夫教授和真下副教授所在的研究组，曾利用 ZFN 破坏了大鼠的基因。真下老师的论文和我们利用 ZFN 破坏基因的论文一样，都是在 2010 年左右发表的。另外,还有对植物进行基因组编辑的研究组也在同一时期发表过论文。除此之外,工具也开始可以购买,在日本逐渐出现了在研究中用到基因组编辑技术的人。

当时我还并不认识芹川老师,却唐突地打电话邀请他:"和我一起举办讨论会吧。"

NHK——然后就诞生了刚才所说的基因组编辑学会对吧?

总之,我们开始召集对这项技术感兴趣的研究者。因为我是动物发育生物学专业的,所以就去联系了与之相关的基础研究者;而芹川先生的专业是实验动物学,就去联系医学和再生医学的研究者,大致是这么个分工。我们号召大家针对基因组编辑这一新技术,在信息共享的基础上展开讨论。而随着讨论会召开次数的增加,参与者也越来越多,最终变成了正式的"基因组编辑学会"。

NHK——基因组编辑学会是基于什么目的而设立的?

首先,这个学会是为了对基础研究做出贡献,因此最为重要的是必须齐集来自各个不同领域的研究者——农业、医学以及微生物方面的。即使大家的专业和研究课题不同,却都在使用同一项技术。在研究之中碰壁的微生物领域研究者,或许可以从针对哺乳类动物的研究中获得某些参考。

其次，关键点在于该技术在不同领域所接受的监管条件也各不相同。我们希望基因组编辑学会能成为一个具备多样性的平台，供大家掌握和交流在不同领域使用基因组编辑各需要考虑什么问题。

当然，基因组编辑学会也欢迎产业界的人士参加。我们或许能以商业利用为前提，针对这种情况下的技术问题和知识产权问题展开讨论。希望基因组编辑学会能成为连接产业界与学术界的纽带。该如何促进与商业直接相关的技术的运用？日本的科学强就强在应用上，所以对基因组编辑的使用方式，可能将会成为日后国际竞争中决定胜负的关键。

基因组编辑绝不是一项能依赖垄断获得回报的技术。比起小家子气地把它圈在我们自己的一亩三分地里私下钻研，倒不如大方地传播出去，然后从不同研究者那里获取反馈。日本今后如果不能这么做的话，将无法超越外国的发展速度。

NHK——对于伦理方面的问题，您是否想过要发表意见？

这真是很难回答的问题。现阶段而言，恐怕还无法得出正确结论。我觉得只有等到绝大部分生命伦理学的专家以及医生都参与进来，并进行过成熟的讨论之后，才能发表评论。不过目前，我希望能通过信息宣传，让普通民众正确理解这项技术的实际情况。

基因组编辑在研究者眼中的风险

NHK——站在研究者的立场看待基因组编辑这一技术，是否存在什
么风险？

CRISPR-Cas 9 出现的时候，我曾经质疑过它"到底有没有问题"。因为它实在是太简单了，以至于任何人都能完成操作。

分子生物学的研究，几乎全都是在大肠杆菌之中对基因进行修饰，因此可以说，基因重组技术成了这门学科的基石。而所谓基因重组，在当时是受到了限制的。

但在基因组编辑的过程中，让 Cas 蛋白质进入细胞的这一步骤，很可能并不会落入重组实验的范围。这就是基因组编辑与基因重组的最大区别。只要能弄到与目标相对应的向导 RNA 和Cas，则完全不需要对大肠杆菌进行复杂的细胞胞内操作。在最极端的情况下，只要有注射设备，就能进行基因组编辑。

其次则是它作为一项人工技术，实在是太过精准了。除了源自基因组编辑的变异之外，这项技术不会留下任何其他痕迹。因此，在发现了基因变异的情况下，我们完全无法检测出这到底是源自基因组编辑，还是源自天然突变。能制造出和天然产物完全一致的产品，这是一大优势，但同时也存在被人滥用的可能。

即使我自己就是研究者，我也认为有必要对其施加一定程度的限制。不过要说至不至于严格到和基因重组相同的程度，我觉

得不至于。如果辖制得过分苛刻,就无法进行商业利用。我觉得应该在社会全体成员完成了讨论并经过实验验证后,允许安全的产品上市。最后,就只剩下应该把这条安全线划在什么高度上的问题了。

NHK——对于诞生于基因组编辑之后的新技术,您是否对其中某一项的安全性产生过担忧?

有一项发表于 2014 年的名为"基因驱动"(gene drive)的基因修饰技术,曾造成过冲击。这项技术和基因组编辑一样,都是使用 CRISPR-Cas 9。在基因驱动技术中,为了利用基因组编辑破坏目标基因,首先要向基因中定点敲入一个 CRISPR-Cas 9 的识别系统。被敲入的识别系统会将来自父母另一方的基因的相同位点破坏掉,顺利的话,这个被切断的位点之中同样会被敲入 CRISPR-Cas 9。对于生命周期较短的物种,通过这项技术,能够迅速将创造出的突变体群体扩散到整个代际。

比如,学术期刊《自然》(Nature)在 2015 年发表过一篇论文,其中提到了以下内容。想要灭绝成为疟疾传染媒介的蚊子,可以把它的基因修改成不会传染的品种,然后令其在疟疾地区扩散。而且经过修改的基因信息将不止存在于这一个代际,还能被后续多个代际所继承。通过选择合适的基因组编辑方法,这条思路是可以实现的。我也谈不上了解得多透彻,不过这确实是一项应该在考虑到对环境影响的基础上加以利用的技术。

NHK——但很多人说起基因组编辑都会惊慌失色。

基因组编辑所做的并不是创造新物种。归根到底只不过是 "editing"（编辑），所以必须消除大家的误解。倒也不是要把"基因的配置再怎么变都不会变成人造生命"这句话给说死，但至少我认为，这项技术不至于如此。它归根到底只不过是"编辑"，也就是准确地对目标细胞基因进行操作。

目前立刻就诞生危险生物的风险并不高。在突变育种的过程中，如果真的出现了发生多种变异的生物，这样的个体是不允许存活的，会从群体中被排除掉。

为了防止意外事件的发生，我认为确实需要在某些方面多加注意。正因为如此，才更需要让普通民众也尽量熟悉这项技术的原理。

基因组编辑能被社会接受吗？

NHK——为了让普通民众接受基因组编辑，需要做些什么工作呢？

或许需要同时开发出能确保其安全性的技术。正如刚才所说，不同领域对安全性评价标准的需求各不相同，所以我觉得现阶段首要的任务，应该是开发出更精密的技术。

如何使用也是重点。根据研究目的的不同，存在着安全性不同的技术，所以应该引导研究者选择正确的方法，稳妥地使用。

这属于教育层面的问题。

最后，还是应该为了寻求理解而进行信息共享。不过话又说回来，我也不觉得基因组编辑会这么简单就获得社会认同。按照我个人的看法，尤其是在食品这一块的难度很高。

这项技术首先应该在医疗领域发挥出力量。很有可能，就是在与 iPS 细胞相结合的再生医疗领域，又或者是在新药开发中使用的细胞制造；在某些方面，将这项技术直接用于基因治疗当然也是可以的。我想，应该把精力更多地放在没有这项技术就无法实现的领域上，然后以此为起点，来探讨更深入的应用。

基因组编辑引领着癌症治疗的未来

NHK——您对今后的研究有什么思路吗？

刚才我以开发者的身份阐述了看法，但我同时也是一名基础研究者，所以仍想继续钻研生命现象。

海胆在婴儿时期是左右对称的，但成年之后就会变成一种被称为"五辐对称"的特殊身体构造。事实上，对于这种变形机制，我们目前仍是一无所知，所以我把它选为研究主题之一。使用海洋生物进行研究是我的毕生事业，今后也将继续下去。

其他我感兴趣的还有对癌症的研究。癌症会导致某些特定基因的功能丧失。借助基因组编辑技术，或许可令这些基因恢复工作能力。对于癌症的复杂深奥和难以攻克，我早就有心理准备，但多年来，我一直都对它很感兴趣。

　　所以我希望能将这项技术用到抑制癌症增殖等的机制解析研究中去。

NHK——可以谈一谈您为什么认为基因组编辑有助于解析癌症机制吗？

　　理由有两点。第一，它能够帮助检查出哪些基因与癌症的发病和转移有关；第二，它还能降低癌症模型动物的制造难度。

　　大约两年前，我们就已经能在短时间内让小鼠的指定器官形成癌症。颅内肿瘤、肺癌、肝癌……都只需要两个月左右就能形成。我认为，在这些癌症研究之中，基因组编辑技术起到了积极的推进作用。

NHK——研究的进展如何？

　　还没什么大的进展，不过我目前与日本国立癌症研究中心研究院的牛岛俊和老师一起进行研究。毕竟，只有癌症领域的专家才能把研究做得像模像样。其实这项研究也源于我唐突的一通电话，当时我告诉他："我想做这么一项研究……"

关于基因组编辑的未来

NHK——山本先生目前有什么正在关注的研究吗？能否告诉我们？

　　东京大学濡木理教授的工作吸引了来自全球的关注。濡木教授和国外基因组编辑领域的领跑者一起，正在推进对 Cas 立体构型的解析，并且已在学术期刊《细胞》(*Cell*)上发表了多篇论文。

　　东京大学的佐藤守俊副教授利用光遗传学技术所进行的研究，同样令人震惊。先把 Cas 切开，并接上一个光敏蛋白。当这处位点受到光照时，就会立刻连接起来，Cas 被激活。这一结果发表在了学术期刊《自然-生物技术》(*Nature Biotechnology*)上。

　　其他还有神户大学的西田敬二特命副教授，他使用 dCas 9 和脱氨酶(deaminase)这种蛋白质所进行的技术开发工作，我认为非常重要。这种技术不需要切断 DNA，就能对基因进行操作。或许，"无需切断的基因组编辑"有可能会成为今后的大趋势吧。

NHK——最后，请您对年轻人说几句话吧。

　　在目前的基因组编辑工具及其应用之中，由日本所发明的技术并不多，这种状况令人惋惜。

　　我尚且不能懈怠，希望诸位年轻的研究者也能尽量投身于那些只有使用别具一格的基因组编辑技术才能实现的研究中去。

　　在我看来，今后想要行走于生命科学研究的前沿，就绝对无法忽视基因组编辑这一技术。

（收录于 2015 年 5 月 7 日）